KB237463

까칠한 그녀의

stylish 세계여행

까칠한 그녀의 stylish 세계여행

채지형 지음

살림Life

까칠한 그녀의 Stylish 세계여행

Prologue

여행, 내 심장을 콩당콩당 뛰게 만들어 주는 요술램프

두근두근, 콩당콩당.
여행은 참 묘하기도 하지. 얼굴은 새까맣게 타버리고 신 한 짝 벗을 힘조차 없을 정도로 에너지가 빠져버렸는데도, 며칠만 지나면 언제 그랬냐는 듯이 또 다른 곳으로의 여행을 꿈꾸곤 하니까.
이런 스스로가 좀 바보처럼 느껴질 때면, 어느 새 여행에 빠지게 된 첫 순간이 떠오르지. 아주 오래전이었는데, 영국 어느 뒷골목이었던 것 같아. 어둑어둑해지는 골목을 이리저리 헤매는데, 가슴이 콩당콩당 뛰는 소리가 갑자기 들리는 것이었어. 아니, 이게 뭐지? 길을 걷는데 왜 심장이 뛰는 거지? 어디선가 느껴본 기분인데. 찬찬히 생각해보니, 처음 사랑을 만났을 때, 딱 그런 설렘이더라고.
그 뒤로 여행과 연애를 하기 시작했지. 여행이 가져다주는 두근거림에 빠졌다고나 할까. 이 길 끝에는 뭐가 나올까, 저 모퉁이에는 누가 살고 있을까, 세상 모든 곳은 보물상자 같았지.

여행이란, 끊임없이 물음표를 만들어주는 제조기

노천카페에 노트 하나 펼쳐놓고 앉아서 사람들을 바라보는 일만으로도 세상이 얼마나 재미있는 곳인지 알게 됐고, 하루하루 주식 시세표를 보면서 마음 졸이지 않아도 얼마든지 행복할 수 있다는 것을 깨닫게 됐지. 물음표로 가득 찬 호기심을 채우려고 새로운 곳으로 발을 디디면, 오히려 호기심은 두 배, 세 배로 커졌어. 내가 몰랐던, 상상조차 못했던, 그런 문화와 역사들을 만나곤 했으니까.
그래서 신나게 이 나라 저 나라를 쏘다녔지. 그렇게 발버둥치기 시작한 지가 15년째. 그동안 길에서 많은 많은 사람들과 만나고 헤어졌어. 혼자 보기 아까웠던 장관들, 혼자였기에 진실한 시간을 가질 수 있었던 곳들, 평생 잊을 수 없을 것 같은 보석 같던 장소들, 죽기 전에 꼭 한번쯤 도전하고 싶었던 액티비티들, 내 인생을 뒤돌아보게 만들었던 열정적인 삶들. 머리에 잠깐 떠올리는 것만으로도 아슬아슬 설레는 그런 곳들.

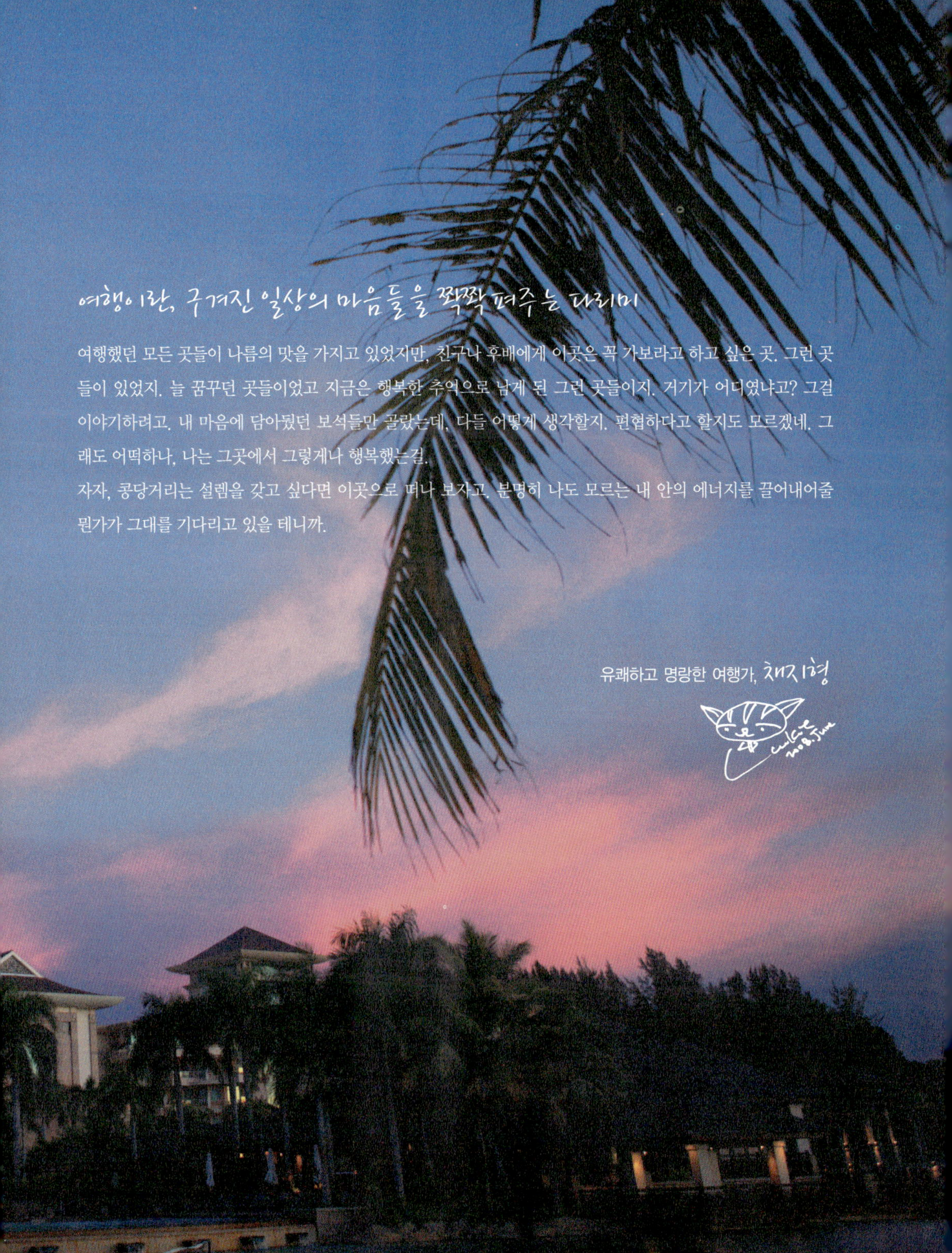

여행이란, 구겨진 일상의 마음들을 짝짝 펴주는 다리미

여행했던 모든 곳들이 나름의 맛을 가지고 있었지만, 친구나 후배에게 이곳은 꼭 가보라고 하고 싶은 곳. 그런 곳들이 있었지. 늘 꿈꾸던 곳들이었고 지금은 행복한 추억으로 남게 된 그런 곳들이지. 거기가 어디였냐고? 그걸 이야기하려고. 내 마음에 담아뒀던 보석들만 골랐는데, 다들 어떻게 생각할지. 편협하다고 할지도 모르겠네. 그래도 어떡하나, 나는 그곳에서 그렇게나 행복했는걸.
자자, 콩당거리는 설렘을 갖고 싶다면 이곳으로 떠나 보자고. 분명히 나도 모르는 내 안의 에너지를 끌어내어줄 뭔가가 그대를 기다리고 있을 테니까.

유쾌하고 명랑한 여행가, 채지형

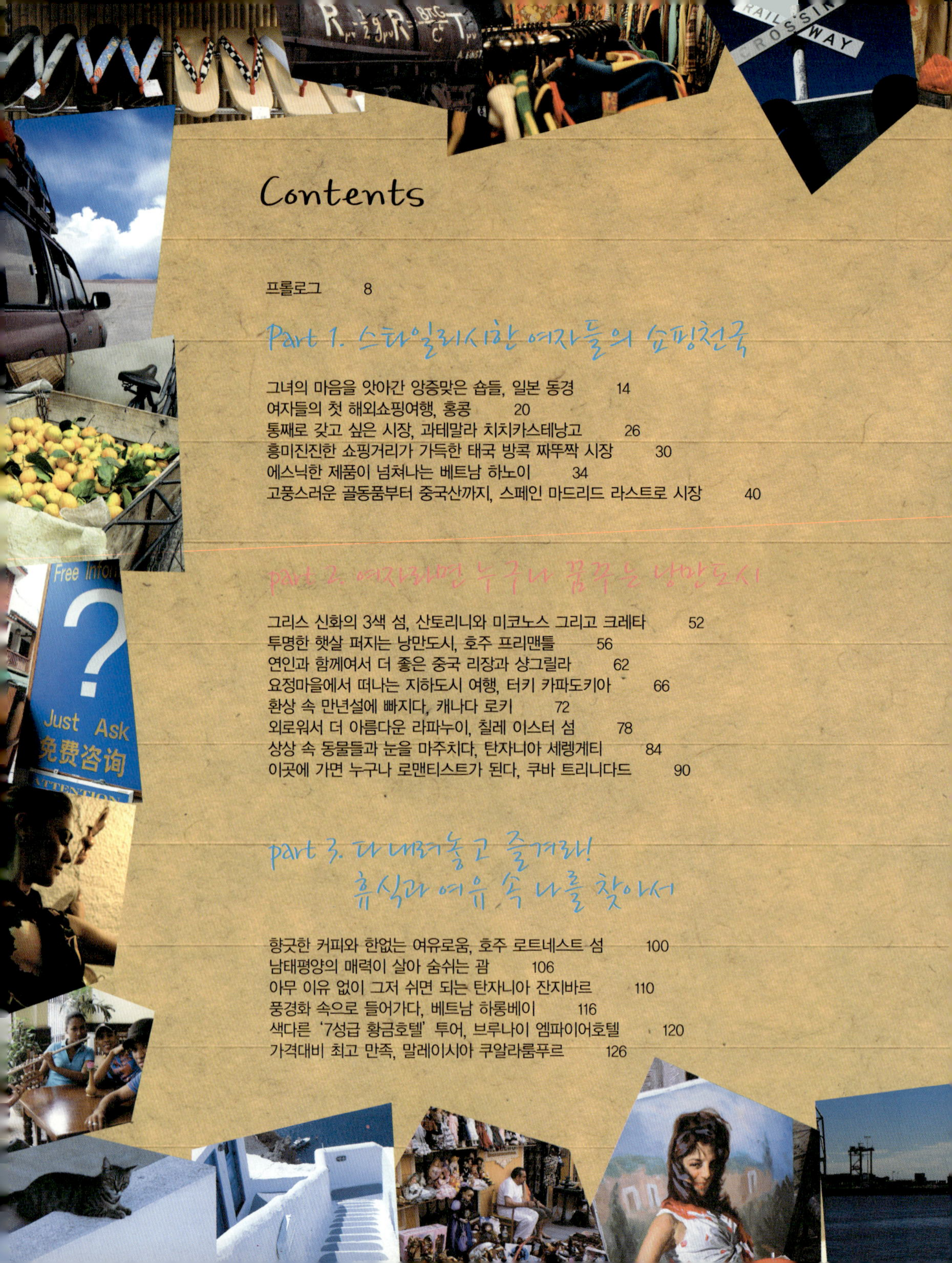

Contents

all mysteries and all knowledge
and can fathom all mysteries and all knowledge
can move mountains but have not love I am nothing
the poor and surrender my body to the flames
have the gift of prophecy and can fathom all myste
love is patient love is kind
have a faith that can move mountains but have
boast it is not proud
give all I possess to the poor and surrender my b
gain nothing love is patient love
have not love it does not boast It is not proud
does not envy It is not easily

PART 1 스타일리시한 여자들의 쇼핑천국

Regalo
レガロ

그녀의 마음을 앗아가는
앙증맞은 숍들, 일본 동경

동경에 가면 지갑을 조심해야 한다. 소매치기 때문이 아니다. 앙증맞은 숍들을 돌아다니다 보면 자기도 모르는 사이에 카드 영수증으로 가득 찬 지갑을 발견하게 될 것이기 때문이다. 세상에서 가장 멋진 것들만 모아 놓은 도시, 동경. '쇼핑' 만으로 동경은 '동경의 대상' 첫 번째 여행지다.

일상에 지쳐 굳어진 머리, 식어 버린 가슴 속에서 동화적인 상상까지 가능케 하는 여행이 있다면, 그것은 바로 동경에서의 쇼핑 여행이다. 쇼핑을 위해 동경 여행을 계획한다 하더라도 먼저 어디로 갈지 생각하기 시작하면 머리가 복잡해진다. 가야 할 곳이 천지이기 때문이다.

평소에 관심을 두고 자기만의 스타일을 가지고 있는 것이 중요하다. 자신의 스타일이 따로 없다고 하더라도 꼭 사고 싶은 것이 무엇인지, 어떤 분위기의 제품을 갖고 싶은지 정해야 한다. 뭐, 그렇다고 꼭 준비한 사람만이 쇼핑 여행을 할 수 있느냐, 그건 아니다. 사고 싶은 것들이 많아서 어디로 가야 할지 모르겠다면 그냥 아무 쇼핑몰에나 들어가 보자. 그저 몇 군데 들르지도 않았는데 어느 새 해는 지고 어둑어둑해져 있을 것이다.

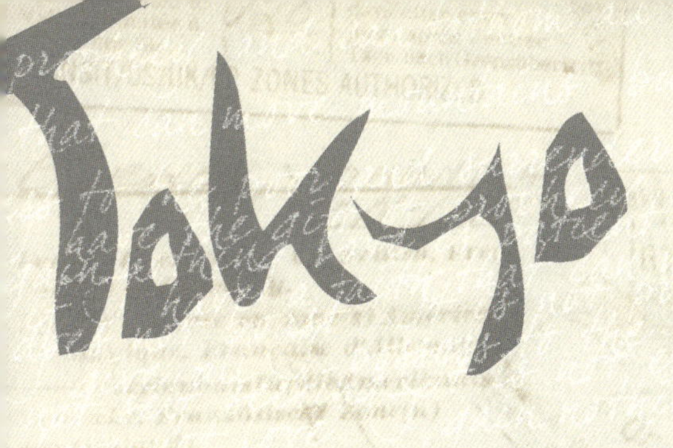

Tokyo

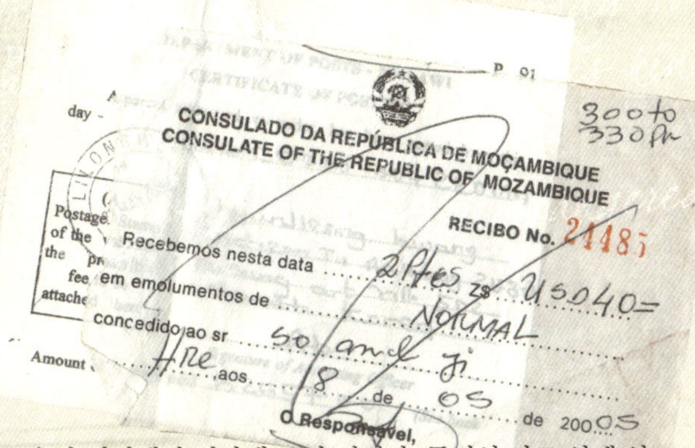

동경의 쇼핑 여행은 동경역 부근에 있는 신마루노우치 빌딩에서 시작해 보면 어떨까. 동경역 바로 앞에 있는 신마루노우치 빌딩은 유럽풍의 아늑한 분위기에 아이디어 상품과 고급 패션 등을 만날 수 있는 작은 백화점이다. 밖에서 보면 38층 높이에 먼저 압도당하지만, 일단 들어가면 실내 분위기가 편안함을 준다. 특히 4층에 있는 인테리어 숍들은 일본 최고의 감각을 자랑한다. 'seventh sense'는 아이디어 상품 전문점으로 톡톡 튀는 아이디어를 엿볼 수 있고, '하시'라는 일본 전통 공예품 전문점은 마치 보물창고 같아 눈이 휘둥그레진다. 1층에 있는 문구점 '델포닉스'에서는 고급 가죽으로 만든 문구제품들이 눈을 사로잡는다.

최신 패션의 옷을 사려면 오다이바 지구, 오모테산도, 하라주쿠 쪽으로 발길을 돌리자. 아름다운 야경이 유명한 오다이바에는 '비너스 포트'와 '아쿠아 시티', '덱스' 등의 쇼핑몰들이 몰려 있어, 이 안에서만 돌아다녀도 시간가는 줄 모른다. 오다이바에 있는 쇼핑몰들에는 GAP을 비롯해 캐주얼한 옷들을 다양하게 찾아볼 수 있다. 패션 숍 사이사이에 자리하고 있는 인테리어 용품점이나 화장품 전문점들은 서로 경쟁이라도 하듯 깜찍한 제품들을 쌓아 놓고 있다.

빈티지 스타일의 옷을 좋아한다면 오모테산도 뒤에 있는 캣 스트리트로 가 보자. 홍대 거리와 비슷한 분위기의 캣 스트리트에는 양쪽에 빈티지 스타일의 옷을 파는 숍들이 줄지어 있다. 아오야마에서 오모테산도로 이어지는 길에 각종 명품 숍들이 자리잡고 있는 것과 대조적이다. 캣 스트리트 입구에는 마크 바이 마크 제이콥스 매장이 자리하고 있지만, 그곳을 지나면 바로 자유분방한 스타일의 숍들이 즐비하다. 이 길을 한참 따라가다 보면 소녀 취향의 옷들이 나타나기 시작한다. 그곳부터 하라주쿠 구역이 시작된다. 코스프레를 하는 학생들로 붐비는 하라주쿠 부근에서는 크레페를 한 손에 들고, 입구에 있는 드러그 스토어에서 간단한 화장품이나 입욕제를 구경해 보자.

조금 조용한 동네에서 색다른 쇼핑을 원한다면 시모기타자와로 발길을 돌리자. 이곳에는 골목마다 아기자기하고 예쁜 상점들이 옹기종기 모여 있다. 음식점부터 옷가게, 카페, 잡화점들이 모두 깜찍, 그 자체다. 주변에 대학교가 많아 스타일리시한 감각의 인테리어 숍들도 만날 수 있다. 독특한 감각의 골동품들을 만날 수 있는 '앤티크 라이프 진'과 소인국 천국 '그린델 발트', 편안한 소품 전문점 '세 블랑'은 특별히 놓치면 안 되는 곳들이다.

Location | 서울에서 일본으로 취항하는 직항편은 대한 항공(KE), 아시아나(OZ), 노스웨스트(NW), 일본 항공(JL) 등 다양하다. 서울 외에도 부산, 제주, 대구에서 일본으로 출발하는 항공편도 있다.

Currency | 1엔 = 997.96원

Time difference | 시차가 없다.

Visa | 단기 여행자라면 당분간 비자 없이 여행할 수 있다.

Tip | 연말연시(대략 12월 27일~1월 4일), 골든 위크(4월 29일~5월 5일), 오봉(일본의 추석으로 8월 15일을 정점으로 한 일주일) 기간에는 일본이 내내 북적거린다. 편안한 여행을 위해서는 이 기간을 피하는 것이 좋다. 그러나 쇼핑하기에는 이보다 더 좋은 때도 없다. 쇼핑 기간이 다가오는 한 달 전부터 새롭고 신기한 제품들로 쇼핑몰이 다시 채워지기 때문이다.

여자들의 첫 해외 쇼핑여행, 홍콩

지난 홍콩 여행에서 돌아올 때 여행 가방에는 딤섬과 장식품이 가득 들어 있었다. 최신 패션 스타일을 찾아 떠나던 홍콩 여행은 언제부턴가 패션을 넘어서 이케아의 소품 쇼핑, 시티수퍼 같은 슈퍼마켓 탐험 등 라이프 스타일 쇼핑으로 진화하고 있다.

이제 홍콩은 옷과 액세서리만 보러 가는 곳이 아니다. 감각이 돋보이는 인테리어 제품들과 입 안을 행복하게 해 주는 갖가지 먹거리, 그리고 모던한 중국 스타일의 제품들은 홍콩을 재발견하게 해 주는 새로운 쇼핑거리들이다.

최근 홍콩 인테리어 숍 중에서 가장 뜨는 곳은 홍콩의 이케아라고 불리는 GOD(Good of desire)이다. 이곳에 가면 홍콩의 멋진 스타일이 다 모여 있다. 작은 액세서리부터 책상, 침대, 침구들까지 시종일관 흥미진진함이 멈추지 않는다. 재미있게 그려 놓은 일러스트 엽서와 문구들은 여행자들의 취향에 착착 달라붙는다. GOD(www.god.com.hk)는 홍콩의 가장 뜨거운 거리 하버시티와 소호, 코즈웨이베이 등 세 군데에 매장을 갖추고 있다. 시크한 중국 스타일을 찾고 싶다면 면세점에서도 자주 봤을 법한 상하이 탕에 들러 보자. 상하이 탕은 1930년대 '동양의 파리' 라 불리던 상하이 상류층의 복식과 라이프 스타일을 재해석한 디자인 숍으로, 단순히 옷을 넘어 하나의 문화를 파는 것을 목표로 하는 브랜드다.

얼핏 보면 너무 단순해 보이는 옷들도 있지만 그 단순함 뒤에는 특별함이 숨어 있다. 작은 문양이나 약간의 디자인 변화로 그들만의 이미지를 만들어 내는 것이 놀라울 정도다. 홍콩에는 6개의 매장이 있는데 그 중에서 페더 스트리트에 있는 매장이 가장 크다. 옷 외에도 비단으로 쌓인 사진 액자, 테이블 보, 보석함 등 아이디어가 넘치는 물건들이 많으니 창의력 충전 차원에서라도 한번 쯤 들러보는 것이 좋다.

hongkong

집을 꾸미는 것을 좋아하는 이라면 꼭 들러야 할 곳이 이케아. 스웨덴의 생활
용품점으로 도마부터 이층 침대까지 생활에 필요한 모든 것을 단순하면서 세
련되게 만들어 파는 매장이다. 우리나라에도 많은 판매상들이 있지만, 홍콩답
게 우리나라에서는 찾을 수 없는 다양한 종류들의 상품들이 쇼퍼들을 유혹한
다. 저렴한 가격에 실용적인 소품들을 구경하다 보면 지름신을 거부할 수가
없다.

keep a little secret
bla bla bra

그리 넓지 않은 매장이지만 고객들의 동선을 배려해 놓은 구조로 편안하게 쇼핑을 즐길 수 있다. 특히 예쁜 등이나 아담한 러그 등 충분히 트렁크에 들어갈 수 있는 것이라면 과감하게 쇼핑하는 것이 좋다. 부피만 부담이 안 된다면 아기 용품이나 친구들의 선물도 이곳에서 해결하는 것이 최고다. 가격 대비 성능 면에서도 따를 자가 없다. 단 전기를 사용해야 하는 제품은 피하는 것이 좋다. 우리와 전기 연결 콘센트가 다르기 때문이다.

뭐니뭐니해도 홍콩의 최고 쇼핑 스폿은 시티슈퍼다. 홍콩섬 IPC몰과 구룡 반도의 하버시티에 있는 시티슈퍼에 가면 홍콩이 얼마나 국제적인 도시인지를 실감할 수 있다. 각 나라에서 물 건너온 식품들과 중국 전통음식, 전세계의 소스들이 다양하게 마련돼 있기 때문이다. 친구와 가족들의 선물을 구입하기에 '딱' 이다. 영국에서 막 건너온 향 좋은 차부터 전자레인지에 2분만 돌리면 최고급 식당의 딤섬과 비슷한 맛을 내는 즉석 식품까지 24시간 우리를 사로잡을 매력 덩어리들이 즐비하게 쌓여 있다. 음식뿐만 아니라 처음 보는 조리기구들도 많다. 셀 수 없이 다양한 종류의 기구들과 음식 재료들을 보다 보면 홍콩이 왜 쇼핑 여행의 일번지인지 바로 알 수 있다. 갈 때마다 쇼핑 테마가 달라지는 홍콩. 다음 홍콩 쇼핑 여행에서는 어떤 아이템이 내 지갑을 술술 열게 할지 궁금하다.

Location | 캐세이퍼시픽 항공, 대한 항공, 아시아나 항공, 타이 항공 등이 인천~홍콩 간 직항편을 운항한다. 캐세이퍼시픽의 경우 매일 5회 운항. 약 3시간 30분 소요.

Currency | 홍콩달러. 1홍콩달러 = 134.75원

Time difference | 한국보다 1시간 느리다.

Visa | 90일 간 무비자 체류 가능.

Tip | 홍콩 아웃렛 매장도 인기. 시간에 여유가 있다면 홍콩 첵랍콕 국제 공항 부근에 있는 시티게이트 아웃렛에 들러보자. 랄프로렌, 바우하우스, 콜롬비아, 나이키 등 다양한 브랜드 제품들을 저렴하게 판매하고 있다. 홍콩의 아웃렛 매장에서는 원 플러스 원이나 가격대별 추가 할인을 해 주는 프로모션을 자주 진행한다. 매장에서 어떤 이벤트를 진행하고 있는지 꼭 체크하자.

Guatemala City
쇼핑천국 03
통째로 갖고 싶은 시장,
과테말라 치치카스테낭고

일주일에 두 번 180도 모습이 바뀌는 마을이 있다. 매주 목요일과 일요일만 되면 너무나 조용하던 작은 마을이 온 세상이 들썩일 만큼 활기찬 시장으로 바뀐다. 그리고 그곳에서는 멋진 색과 신실한 마음이 소통하는 향연이 펼쳐진다. 라틴아메리카의 여행자라면 꼭 들러야 하는 곳, 바로 과테말라의 치치카스테낭고다.

치치카스테낭고는 과테말라의 수도인 과테말라시티에서도 4시간 정도 떨어져 있는 아주 작은 마을이다. 이 작은 마을이 유명한 이유는 매주 두 번씩 중남미에서 가장 큰 시장이 들어서기 때문이다. 시장 규모도 크지만 솜씨 좋기로 유명한 마야 여인들이 만든 옷과 소품들은 아무리 두툼하게 준비한 지갑이라도 금세 날씬하게 만든다. 마음 같아서는 시장을 통째로 가방에 담아 오고 싶을 정도다.

그 시장엔 무엇이 있기에 그토록 매력적일까? 눈앞에 나타난 시장은 먼저 좁디좁은 길들로 이어져 있다. 좁은 길에 빼곡히 들어서 있는 물건들, 전통 의상을 입은 작고 까만 마야 여인들, 그리고 그 여인들이 입고 있는 현란한 옷들이 정신을 혼미하게 만든다. 꼬리에 꼬리를 물고 이어져 있는 노점상에서는 마스크와 털모자, 스카프, 화려한 색의 수공예품 등이 산처럼 쌓여 있다. 조금 더 들어가면 두세 평 될까 싶을 정도의 작은 가게들이 다시 촘촘하게 나타난다. 짧게 줄여서 '치치' 라고 부르는 이 시장은 유럽이나 미국 여행자들에게 특히 잘 알려져 있어 원주민 시장이기는 하지만 여행자들을 쉽게 만날 수 있다.

과테말라에 온 여행자라면 빠짐없이 들르는 관광지답게 복잡한 시장 속에서 스페인어 수업을 듣는 같은 학원 친구들을 네 명이나 만나기도 했다. 여행자들에게 가장 인기 있는 품목은 마야의 여인들이 직접 짜서 만든 옷감, 위필이다.

위필은 알록달록한 색동천으로, 마야인들의 독특한 문양과 색을 담고 있다. 마야 여인들은 위필을 가지고 옷을 만들어 입거나 아기를 덮어 주는 담요나 물건을 담을 때 쓰는 보자기로도 사용한다. 또 어린 학생들에게는 책보가, 할머니에게는 시장바구니가 되기도 한다. 같은 듯 다른 각양각색의 위필에는 마야 여러 부족들의 고유 문양이 들어 있어 더욱 아름답다.

위필뿐만 아니라 털이나 천으로 만든 제품들은 치치에서 가장 쉽게 만날 수 있는 아이템이다. 어느 가게들이건 오색찬란한 직물들을 산처럼 높이 쌓아 놓고 있다. 여행자들의 호기심 가득한 눈이 위필과 토산품에 꽂히는 것과 달리, 과테말라 사람들은 옥수수나 쌀, 토마토, 야채 등 생필품을 사고파는 데 집중한다. 체구도 아주 작은 그들이 커다란 등짐을 메고 시장을 누비고 다니는 모습은 치치가 아니면 볼 수 없는 활력이다.

치치에서 여행자와 현지인이 모두 사랑하는 것은 바로 치치카스테낭고표 아이스크림. 앞니가 몽땅 빠진 할머니부터 이제 세상에 나온 지 몇 해 되어 보이지 않는 꼬마, 예쁜 위필을 입은 수줍은 처녀까지 달콤한 아이스크림을 하나씩 손에 들고 행복해한다. 아이스크림만큼이나 시장에서 인기 있는 길거리 음식은 '아로스 콘 레체'. 아로스는 밥, 레체는 우유라는 뜻으로, 풀이하자면 우유에 밥을 만 음식인데, 과테말라 사람들 특유의 제조법으로 만든 아로스 콘 레체의 달콤함과 든든함은 다른 음식에서 찾아볼 수 없는 맛이다.

주머니는 가벼워졌지만 마음껏 예쁜 공예품들을 사고, 독특한 길거리 음식까지 즐기다 보면 이런 것이 바로 쇼핑의 진정한 즐거움이 아닌가 하는 행복감에 젖는다. 라틴의 열정을 느끼고 싶다면 치치로 떠나자.

Location | 과테말라행 직항은 없다. 일반적으로 미국 LA를 거쳐 과테말라의 수도 과테말라시티로 들어간다. 치치카스테낭고는 과테말라시티에서 4시간 거리에 있다. 장기 여행자들은 대부분 안티구아에서 출발한다. 안티구아에서는 1시간 간격으로 버스가 출발하며, 여행사에서 운행하는 치치카스테낭고 당일 투어도 많다.

Currency | 1과테말라 께찰(QTQ) = 149.07원

Time difference | 시차는 15시간. 과테말라의 아침 9시는 한국의 밤 12시.

Visa | 90일까지는 비자가 별도로 필요하지 않다.

Tip | 고지대임을 감안해서 물을 많이 챙겨 마신다. 쇼핑 아이템으로는 화려한 색감의 직물들과 전통 탈, 인형들이 눈에 띈다. 과테말라산 커피는 치치카스테낭고보다는 안티구아에서 구입하는 것이 낫다.
시장 안에 있는 산토 토마스 성당과 그 주변을 천천히 둘러보는 것도 추천한다. 가톨릭과 마야 종교가 결합된 독특한 문화를 체험할 수 있다.

Thailand

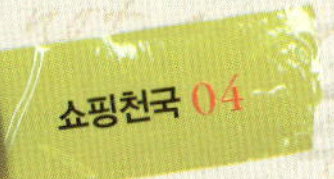

흥미진진한 쇼핑거리가 가득한
태국 방콕 짜뚜짝 시장

'내 안에 이런 쇼퍼홀릭 기질이 있었나?'

새삼스럽게 자신을 뒤돌아보게 만드는 시장이 있다. 바로 태국 방콕에 있는 짜뚜짝(Jatujak) 시장. 명성에 걸맞게 한번 들어가면 누구든지 쇼핑 삼매경에 빠져 헤어 나올 줄 모른다. 결국 짜뚜짝이 문을 닫는 오후 5시가 되어서야 손에 비닐 가방 몇 개를 든 채 숙소로 향하는 자신의 모습을 발견하게 될 것이다.

이곳에 없으면 방콕 어디에서도 구할 수 없다는 말이 있을 정도로 수많은 물건들로 북적이는 시장. 그런 짜뚜짝을 돌아다니는 것은 탐험에 가깝다. 얽히고설키어 도대체 내가 어디를 걷고 있는지 알 수가 없다. 게다가 앞만 보고 걷고 있다가도 여기저기서 생각지 못한 재미있는 물건들이 튀어나오기 때문에 길을 잃기 십상이다.

짜뚜짝에 있는 상점은 만 개가 넘는다. 방콕은 물론 동남아시아에서 가장 규모가 크다는 짜뚜짝 시장은 주말이면 전세계에서 모여든 여행자들과 현지인들로 발 디딜 틈이 없다. 문을 여는 주말에는 하루 평균 20만 명이나 찾을 정도이다. 동남아 최고의 여행자 거리, 방콕 카오산 로드에서 만나는 여행자 친구들 중 어느 한 명도 짜뚜짝 시장을 가 보지 못한 사람이 없을 정도다.

짜뚜짝 시장에는 뭘 파는지보다 뭐가 없는지를 찾는 것이 더 빠르다고 할 정도로 많은 상품들이 있다. 식료품과 꽃, 애완동물부터 시작해서 옷, 액세서리, 골동품, 태국 전통품, 도자기 등 종류도 헤아릴 수 없을 만큼 다양하다.

짜뚜짝 시장에 가서 보기만 해서는 재미가 없다. 직접 물건을 사 봐야 한다. 흥정의 재미도 있지만, 그것보다도 '쇼핑' 그 자체, 돈 쓰는 즐거움을 맛볼 수 있기 때문이다. 돈 걱정 안하고 맘껏 뭔가를 샀을 때 느끼는 시원함. 스트레스 해소용으로도 그만이다.

지름신이 내려도 두렵지 않은 이유는 저렴한 가격. 이것이 짜뚜짝 시장의 가장 큰 매력이기도 하다. 아무리 주머니가 가벼운 여행자라도 짜뚜짝에 오면 사치를 부릴 수 있다. 평소에 감사 인사를 하고 싶었던 이에게, 생일이 다가오는 친구에게 건넬 선물을 찾아보자. 귀여운 캐릭터 티셔츠나 태국 분위기가 나는 쿠션 커버, 알록달록한 가방이나 모자, 여름에 입으면 바람이 숭숭 통하는 옷, 에스닉한 귀걸이와 팔찌 등 선물거리들이 넘쳐난다. 특히 아로마 오일이나 향, 태국 전통 장식품 등에 관심이 많다면 짜뚜짝은 방콕에서도 가장 먼저 가 봐야 할 곳이다.

짜뚜짝 시장에서 기억해야 할 것이 세 가지 있다.

첫째, 이런 곳일수록 여행자들의 주머니는 타깃이 되기 쉬우므로, 언제나 소매치기를 조심해야 한다.

둘째, 한 가지 기억해야 할 것은 바로 지나가다 마음에 드는 물건을 발견하면 그 자리에서 사야 한다는 것. 미로처럼 꼬불꼬불 이어진 길은 한번 지나가면 다시 찾을 수 없다. 그리고 넘치는 사람들을 헤치며 되돌아가기도 쉽지 않기 때문이다. 꼭 사길 원하는 품목이 있다면 지도를 보고 구역을 알아놓는 것이 좋다. 짜뚜짝 시장은 품목별로 27개의 구역으로 나뉘어 있는데, 입구에서 먼저 구역별 계획을 세우고 들어가면 된다.

마지막으로 짜뚜짝에서 쇼핑할 때 잊으면 안 되는 것이 운동화와 물! 실외에 세워진 시장이라 에어컨 시설이 없어 무척 덥다. 최대한 편한 신발을 준비하고 생수를 수시로 마시면서 부족한 수분을 보충해야 한다. 이 두 가지를 챙기지 않으면 즐거워야 할 쇼핑이 괴로워질지도 모른다.

Location | 대한 항공, 아시아나 항공, 타이 항공 등에서 인천–방콕 구간 직항을 운항한다. 비행 시간은 약 5시간 40분.

Currency | 1바트(Bhat) = 33.14원

Time difference | 한국보다 2시간 늦다.

Visa | 90일 동안 비자 없이 체류할 수 있다.

Tip | 복잡한 것을 싫어하는 이라면 짜뚜짝은 피해야 한다. 대신 시암역 주변에 있는 쇼핑몰들을 찾아보자. 시암 파라곤, 시암 센터 등 초대형 쇼핑몰과 백화점이 줄지어 있다. 물건도 다양하고 세련된 제품들을 찾을 수 있다.

에스닉한 제품이 넘쳐나는 베트남 하노이

살랑살랑 바람에 흔들리는 치맛자락. 베트남을 상징하는 대표 의상, 아오자이가 풍기는 멋은 남다르다. 긴 팔에 긴 바지, 목을 가리는 아오자이는 대부분의 몸을 가리고 있다. 그러나 옆구리 선이 트여 있어 움직일 때마다 허리가 슬쩍슬쩍 드러난다. 이런 섹시함과 대범함이 아오자이의 특징이다.

가슴선과 허리선이 고스란히 드러나 도전하기 쉽지 않지만, 베트남을 여행하는 여행자라면 한번쯤 '입어 보고 싶다' 는 마음을 품기 마련이다. 게다가 단 하루면 맞춤 아오자이를 손에 넣을 수 있어 아오자이가 베트남을 여행하는 젊은 여행자들에게 인기 있는 쇼핑 아이템으로 떠오르고 있다.

베트남은 굳이 아오자이가 아니더라도 에스닉한 소품들이 넘쳐나, 인테리어나 센스 있는 여행자들의 발걸음이 끊이지 않는 곳이다. 십여 년 전 베트남을 처음 여행했을 때, 만약 결혼을 하게 된다면 꼭 베트남에 와서 인테리어 소품을 모두 장만하리라 마음먹었을 정도였다.

쇼핑을 위해 떠난 베트남 여행은 하노이에서 출발한다. 하노이는 천년의 역사를 가진 베트남의 고도로, 베트남을 지배해 온 사회주의와 오랜 역사의 향기가 묻어나는 가장 베트남스러운 도시다. 오토바이와 시클로 때문에 정신을 잃을 정도로 번잡하기도 하지만, 그 뒷골목에는 그 어느 곳에서도 찾아볼 수 없는 훌륭한 쇼핑거리들이 숨어 있다.

하노이의 쇼핑 일번지는 성 요셉 성당 주변의 숍들이다. 성당 앞으로 멋진 카페와 부띠끄 패션 숍들이 줄지어 서 있다. 구두나 옷, 소품 가게들을 둘러보다 보면 이곳이 베트남이 맞나 싶은 생각이 들 정도다. 이 중에서 인기 있는 숍 중 하나가 바로 '송(www.asiasongdesign.com)'. 베트남에서는 유명한 브랜드로 요가와 리조트웨어를 만드는 집이다. 좋은 린넨에 깔끔하게 놓인 자수를 보면, 나도 모르게 지갑이 마구 열린다. 비즈로 만든 액세서리나 인테리어 소품들도 독특하다.

멋진 아오자이를 맞춰 입고 싶다면, 카이실크(khaisilk)나 하노이실크(www.hanoisilkvn.com)를 찾는다.

카이실크는 최고급 맞춤 아오자이를 만들어 주는 곳으로 가격이 만만치 않다. 하노이실크 역시 비싸기는

하지만 트렌디한 디자인의 제품들을 만날 수 있다. 유명 브랜드보다는 다소 저렴하게 아오자이를 맞추고

싶다면 비단거리로 유명한 포항가이(pho han gai)로 발길을 돌리는 것이 좋다.

가볍게 기념품을 사고 싶다면 호완 끼엠 호수 북서쪽에 있는 포항봉(pho hang bong)으로 가 보자. 빨간

바탕에 노란 별이 떠 있는 베트남 국기 모양의 티셔츠와 수를 놓은 벽걸이 등 다양한 제품들을 볼 수 있다.

하노이에서 꼭 사면 좋을 제품은 각종 인테리어 소품들. 자개로 만든 작은 쟁반이나 대나무 그릇, 예쁘게 수놓아진 컵 받침, 현관에 놓아 두면 좋을 목공예품 등이다. 독특한 베트남 풍광을 그려 놓은 작품을 기념으로 사도 좋다.

30~50달러 정도면 추억이 될 만한 그림을 손에 넣을 수 있다. 베트남만의 독특한 분위기를 느낄 수 있는 도자기도 추천 아이템 중 하나다. 베트남식 청화백자는 푸른빛을 많이 띠는데, 크기나 무늬가 다양하다. 마지막으로 추천할 만한 아이템은 베트남 커피. 베트남은 세계 3대 커피 수출국에 들 정도로 커피가 유명한 나라. 커피를 진하게 내린 후 연유를 넣어 마시는 방식이라 우리와 커피 마시는 방법이 상당히 다르다. 그래도 친구들에게 그런 '다름'을 선물하는 것도 재미있다. 커피와 함께 커피 내리는 작은 기구도 함께 선물하면, 더 새록새록 빛나는 선물이 되지 않을까.

Location | 대한 항공과 베트남 항공이 직항편을 수시로 운항하고 있다. 하노이까지는 4시간 30분 걸린다.

Currency | 1베트남동 = 7.10

Time difference | 서울보다 2시간 늦음.

Visa | 14일 이내 체류할 때는 비자가 없어도 된다. 그 외에는 비자를 받아 가야 한다. 국경에서 발급. 50달러.

Tip | 하노이에는 호수가 많다. 그중에서도 서호 부근에는 분위기 좋은 카페들이 즐비하다. 호수를 바라보며 커피 한 잔 하는 것도 잊지 못할 하노이 여행을 만들어 줄 것이다.

고풍스러운 골동품부터 중국산까지, 스페인 마드리드 라스트로 시장

스페인 마드리드의 라스트로 벼룩시장 입구에 서면, 일단 눈이 커진다. 누군가 마술 피리를 불었는지, 사람들이 촘촘하게 언덕길을 메우고 있는 거대한 광경이 여행자의 눈을 사로잡기 때문이다. 저렇게 많은 사람들이 이곳을 구경하러 오다니, 놀랍기 그지없다. 무조건 그 인파 속으로 뛰어들기 전에, 북적거림이 싫고 여유 있는 쇼핑을 즐기는 이라면 일찌감치 발길을 돌리는 것이 좋다. 시장은 안으로 들어가면 들어갈수록 요지경 속이기 때문이다.

스페인 마드리드의 라스트로 벼룩시장. 이 벼룩시장을 돌다 보면 스페인은 물론이고 인도를 거쳐 파키스탄, 중국까지 여행하는 기분이 든다. 어쩌면 지조 없어 보일 수도 있겠지만, 세상의 온갖 것을 그렇게 품고 있어 더 재미있는 시장이 바로 라스트로 시장이다.

라스트로 시장이 문을 여는 것은 매주 일요일과 공휴일. 벼룩시장 탐험의 첫 번째 수칙은 아침 일찍 나서는 것. 부지런히 일어나서 시장에 일찍 도착해야 좋은 제품을 더 많이 볼 수 있기 때문이다. 사람이 가장 많이 모이는 시간은 오전 11시쯤. 이때가 되면 이리저리 사람에게 떠밀려 다니느라 서울의 만원 지하철이라도 탄 듯한 기분이다.

재미있는 것은 그렇게 밀려다니면서도 마음이 편하다는 것. 런던 포토벨로 벼룩시장에 갔을 때와는 대조적이다. 콧대 높은 영국인들 사이에서 이방인으로서 느껴야 했던 소외감. 이곳에선 전혀 느껴지지 않는다. 이유는 하나. 라스트로 벼룩시장은 '열려 있기' 때문이다. 라스트로엔 스페인 사람들이 쓰던 것들 외에, 국경 넘어 세계 여러 나라에서 모여든 물건이 많다. 모로코에서 온 봉고, 우리나라에서 만들었다는 우산, 화려한 인도산 전등……

그뿐이랴. 당장이라도 집에 데려가고 싶은 앙증맞은 강아지에 형형색색 앵무새까지 있다. 말 그대로 시간과 공간을 초월한 시장이다. 밖을 향해 열려 있는 문화적 다양성 덕분에 처음 찾은 사람조차 아무런 이질감 없이 그 안에 녹아들 수 있다.

라스트로는 골목마다 조금씩 다른 특징을 품고 있다. 예를 들어 산 카예타노 거리(Calle San Cayetano)에는 화가들의 그림이 주로 걸려 있고, 플라자 데 헤네랄 바라 델 레이(Plaza de General Vara del rey)에는

DORIS LESSING El cuaderno dorado HIRU TALDEA
¡no os importe matar!
NOGUER
SENDA DIVINA
ESPAÑOLES
MAY FATTO
LAS AVENTURAS DE SHERLO
EL ESCA
libros Hiperión Ediciones Petalia
CORDON
VOLUMEN 6

구제품, 로다스 거리(Calle Rodas)엔 골동품 가게가 삼삼오오 모여 있다. 반면 리베라 데 쿠트리도레스 거리(Calle de Ribera de Cutridores)와 로스 엠바하도레스 거리(Calle de los Embajadores) 사이엔 다양한 물건이 섞여 있다. 오만 가지 물건들 가운데 가장 인기 있는 것은 당장 쓰레기통에 들어가도 아깝지 않을 것 같은 옛 물건들이다. 주인은 애써 골동품이라고 우길지 몰라도, 사는 사람 입장에선 거저 줘도 그다지 반갑지 않을 것이 대부분이다. 풀풀 곰팡내를 풍기면서 위풍당당하게 좌판을 차지하고 있는 물건들을 구경하고 있노라면, 주인에게 묻지 않을 수 없다. 도대체 이런 걸 왜 파느냐고, 도대체 얼마에 파느냐고.

남자들은 주로 수십 가지 종류의 칼, 여자들은 빈티지 장신구와 인형에 넋을 잃는다. 플라멩코 포스터를 파는 노점상에도 사람이 끊이지 않는다. 경쾌한 플라멩코 음악에 화려한 의상, 신발도 있는데 왜 유독 포스터일까? 혹 오랜 플라멩코의 로망을 간직하는 데 포스터가 가장 어울린다고 생각하는 건 아닐지.

가격은 소품의 경우 대부분 2~10유로 사이이다. 정말 비싼 몇몇을 빼곤 대부분 그 선에서 다 해결할 수 있다. 물론 철저히 주관적인 가격이다. 파는 이의 마음 가는 대로 값이 정해진다. 이 때문에 흥정이 무엇보다

중요하다. 족히 몇 년은 묵어 보이는 인형 하나를 놓고 한참 밀고 당기기를 하다 보면, 여기가 서울 동대문인지 스페인 마드리드인지 도통 헷갈린다.

라스트로에서 쇼핑할 때 잊지 말아야 할 것이 하나 더 있다. 사람이 많다 보니 소매치기도 위세를 떨친다. 오죽하면 라스트로를 '도둑들의 시장'이라고 할까. 사람들이 물건을 사러 시장에 오듯, 소매치기는 사람들의 지갑을 쇼핑하러 라스트로에 온다. 그들의 '쇼핑 리스트'에 들지 않도록 조심하는 것이야말로 '라스트로 백배 즐기기'의 첫 번째 조건이다.

Location | 대한 항공이 인천~마드리드 간 직항편을 운항하고 있다. 비행 시간은 약 13시간. 네덜란드 암스테르담이나 프랑스 파리 등 유럽 내 다른 도시를 통해 들어갈 수도 있다.

Currency | 1유로(EUR) = 1666.37원

Time difference | 한국이 7시간 빠르다.

Visa | 3개월까지 비자 없이 여행할 수 있다.

Tip | 미리 잔돈을 준비해 가는 것이 좋으며, 고급스러운 골동품은 기대하지 않는 것이 좋다.

눈과 입이 황홀한 세계 속 디저트 천국

상상만으로도 머리에 엔도르핀이 도는 달콤한 디저트. 프랑스어로 '식사를 끝마치다' 라는 뜻이라고 하지만 더 이상 디저트는 꼭 식사와 함께 해야만 하는 음식이 아니다. 디저트 종류가 세분화되면서 '디저트'만을 위한 카페도 늘어나고 있는 추세.

달콤새콤한 맛도 여행자들을 행복하게 만들지만 혀 못지않게 눈도 황홀하게 만든다. 파티쉐의 상상력이 디저트 하나하나에 고스란히 들어가 있기 때문이다. 어느 나라를 여행하든 꼭 유명한 디저트 가게를 찾아보자. 여행에 지친 몸에 에너지와 창의력을 충전할 수 있을 것이다.

마카오, 맛깔스러운 포르투갈식 디저트

마카오 디저트를 꼽을 때 가장 먼저 꼽는것은 역시 '에그 타르트'. 에그 타르트는 바삭바삭한 페이스트리 안에 앙증맞은 커스터드 크림이 들어 있는 포르투갈식 전통 과자로, 마카오를 여행한 이라면 누구라도 그 맛을 잊지 못한다. 드라마 '궁'에도 나온 적이 있는 콜로안 마을의 '앤드류스 에그 타르트'가 특히 유명하다.

고소한 계란 맛이 나는 푸딩 스타일의 카라멜 커스타드나 얇게 구워낸 밀가루에 오렌지 시럽을 듬뿍 얻는 오렌지 크레페, 오븐에 구운 사과 등도 마카오에서 맛볼 수 있는 대표적인 디저트.

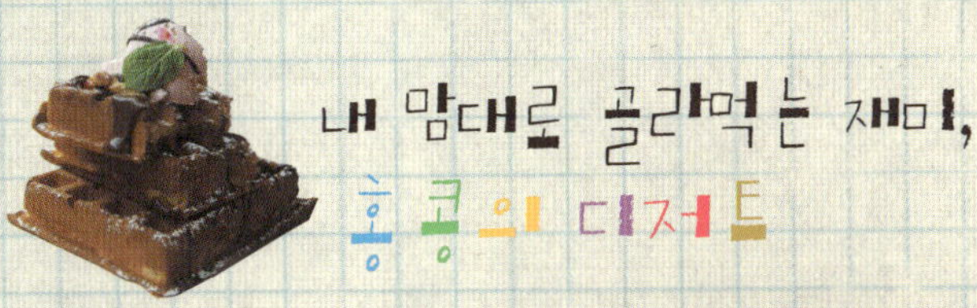

음식 천국, 홍콩. 밥은 먹지 못하더라도 디저트는 꼭 먹어야 하는 나라가 홍콩이다. 디저트 카페는 물론이고 디저트만을 파는 체인점들도 흔하게 볼 수 있다. 딸기나 리치 같은 싱싱한 과일로 만든 디저트부터 깨와 잣, 땅콩을 넣은 영양식 디저트까지 그 다양함을 넘어설 나라가 없을 정도. 망고로 만든 여러 디저트를 내놓는 허유산, 망고 푸딩이 유명한 허니문 디저트, 신선한 아이디어가 돋보이는 석마방 등이 많이 알려져 있다.

동경에서 맛있는 디저트를 만나기란 서울에서 스타벅스를 만나는 것보다 쉽다. 먹기 아까울 정도로 예쁜 디저트들은 보는 것만으로도 가슴이 설렌다. 유명 백화점 지하에 들어가면 시간이 어떻게 흐르는지 모를 정도로 수백 가지 종류의 디저트에 빠져들게 된다.

가장 쉽게 볼 수 있는 신주쿠 거리의 크레페부터 따끈따끈하면서 바삭바삭한 맛을 자랑하는 와플, 모치 안에 생크림을 넣은 모치크림 등은 일본에서도 꼭 먹어 봐야 할 디저트들이다.

PART 2

여자라면 누구나 꿈꾸는 낭만도시

and all knowledge
ve I am nothing
the flames

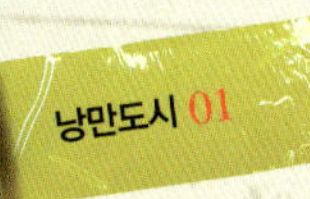

그리스 신화의 3색 섬, 산토리니와 미코노스 그리고 크레타

누구나 꿈꾸는 나라 그리스. 신화에 대한 호기심과 코발트빛 바다가 주는 환상만으로도 그리스의 작은 섬들로 날아가야 할 이유는 충분하다. 에게 해의 수많은 섬들 중 대표적인 미코노스와 산토리니, 크레타 섬.

시인 호메로스가 '포도줏빛'에 반해 버린 에게 해로 데려다 줄 배를 타기 위해 아테네에 있는 피레우스 항구로 향한다. 5세기에 만들어진 유서 깊은 그곳에서 코발트 블루의 바다에 점점이 박혀 있는 섬들로 떠날 수 있다.

피레우스에서 새벽에 탄 배는 어스름한 아침 미코노스에 도착한다. 잠에서 깨 부스스한 눈으로 바라본 미코노스의 쪽빛 하늘과 바다, 그리고 촘촘히 늘어서 있는 하얀 집들은 나도 모르게 나지막한 탄성을 지르게 만든다. 하얀색이 이렇게나 눈부실 수 있을까. 지중해 햇살을 받은 하얀 집들은 사랑에 빠진 여인의 눈빛처럼 반짝인다. 미코노스에서 끊어질 듯 계속 이어지는 골목길을 따라가다 보면 커다란 풍차가 눈에 들어온다. 풍차 아래에서 시원한 바람을 맞다가 재미있는 수다처럼 이어지는 길로 내려오면 앙증맞은 기념품 숍들이 하나씩 나타난다. 깔끔한 하얀 건물과 아기자기함. 게이들의 천국이자 무라카미 하루키가 작업을 했던 곳으로 유명한 미코노스지만, 그다지 오래 머물지 않는 여행자 눈에는 아름다움만 마음 속에 가득 찬다.

산토리니는 미코노스와 사뭇 다른 느낌이다. 항구에 내리면 오직 깎아지르는 절벽밖에 보이지 않는다. 기원전 3500년 화산이 폭발해 섬 가운데가 가라앉았고, 기원전 1500년에는 210m의 파도가 몰려와 섬이 깎였기 때문이다. 진짜 산토리니를 만나기 위해서는 버스를 타고 한참 동안 절벽을 올라가야 한다. 그렇게 산토리니의 꼭대기 '이아' 마을에 가면, 항구에서와는 180도 다른 풍경이 펼쳐진다.

장엄한 자연과 하얀 집들의 강렬한 대비, 그야말로 눈부신 색의 향연이다. 하얀 집, 파란 대문, 시시각각 다른 색을 연출하는 바다, 그리스 정교회의 파란 지붕, 여기에 부겐베리아의 붉은빛까지 더해져 선명한 색의 잔치는 끝이 없다.

게다가 너무나 예쁜 앤틱 숍과 카페만 돌아다녀도 일주일은 눈 깜짝할 사이에 보낼 수 있을 것 같다. 시간이 없는 여행자들은 죄 없는 카메라의 셔터만 쉴 새 없이 누른다. 해가 질 때의 이아 마을 전경도 산토리니에서 빠질 수 없는 풍경이다. 에게 해로 해가 풍덩 빠지면서 남긴 파스텔 톤의 색들이 풍차 뒤로 펼쳐지는 것을 보고 있노라면 마음이 포도주처럼 촉촉이 젖는다.

산토리니의 매력을 만끽했다면 호탕한 자유인 '조르바'의 섬, 크레타로 향해 본다. 크레타는 미코노스나 산토리니와 다르게 역사와 문학이 주는 그윽함이 깔려 있다. 에게 해에 떠 있는 1400여 개 섬 중 가장 큰 크레타 섬은 BC 2000년부터 미노아 문명이라고도 불리는 크레타 문명이 찬란하게 번성했던 곳이다.

섬 곳곳에는 고대 문명을 느낄 수 있는 유적지가 즐비한데 크레타의 이라클리온 시내에 있는 고고학 박물관은 물론, 복잡한 미로로 유명한 크노소스 궁전 등은 크레타에서 꼭 들러 봐야 하는 명소들이다.

크레타 섬을 거닐다 보면 어디에선가 불쑥 산투리(크레타 전통 악기)를 치며 껄껄껄 웃는 '조르바'가 나타날 것만 같고, 스페인의 유명화가 엘 그레코 그림의 한 조각을 만날 것만 같다. 마치 나의 상상력이 타임머신이라도 탄 듯, 시공을 넘나든다. 그리스에 와 보니 하루키가 왜 그렇게 그리스에 오래 머무르며 글을 썼는지 알 것만 같다. 한번 가면 오래도록 머물고 싶은, 꿈에 그리던 환상의 섬이 바로 이곳이다.

Location | 직항편은 없다. 프랑크푸르트나 암스테르담, 파리 등 유럽의 주요 도시를 거쳐 먼저 아테네로 가야 한다. 아테네 공항에서 산토리니까지는 비행기로 50분, 쾌속선으로 4시간 이상 소요된다.

Currency | 1유로(EUR) = 1385.94원

Time difference | 7시간 차이가 난다. 서머타임이 실시되는 3월 말부터 10월 말까지는 6시간 차이.

Visa | 3개월까지 비자 없이 체류할 수 있다.

Tip | 겨울에 가는 것은 피하자. 을씨년스러운 분위기를 좋아하지 않는다면, 햇살 좋을 때 가는 것이 최고다. 산토리니에서는 절벽에 붙어 있는 호텔에서 자 보는 게 좋겠다. 특별한 경험을 줄 테니까. 20만 원이 넘는 비싼 가격이지만 인기가 좋아 미리 예약해야 한다. 포카리스웨트 CF에서 본 사진을 찍고 싶다면 이아 마을로 먼저 발길을 돌리자. 이아 마을 아래에 있는 피라 마을은 전망도 좋지만 감각 있는 숍들이 많아 쇼핑도 즐거운 곳이다. 버스가 많지 않아 스쿠터나 차를 렌트하는 것이 일반적이다. 차는 대부분 수동이기 때문에, 렌트를 하고 싶다면 수동으로 연습을 하고 가자.

RAILWAY
CROSSING
CUSTOMS

투명한 햇살 퍼지는 낭만도시, 호주 프리맨틀

호주 프리맨틀을 생각하면 나도 모르게 눈이 스르르 감긴다. 그리고 눈을 뜨면 거품이 풍성하고 향기가 좋은 카푸치노 한 잔이 앞에 놓여 있을 것 같은 착각에 빠진다. 낭만 도시 중의 낭만 도시, 그곳이 바로 호주 프리맨틀이다.

프리맨틀은 한 마디로 '예쁘고 아담한 도시'다. 그러나 다른 예쁜 도시에서 볼 수 없는 특별한 뭔가가 있다. 그곳에 사는 이들도, 그곳을 여행하는 이들도 마치 낭만을 쫓는 사람들처럼, 일상이 여행이 되고 여행이 일상이 될 것만 같은 그런 도시다.

프리맨틀은 19세기 항구 도시의 모습을 가장 잘 간직하고 있는 곳이라는 호평을 들을 정도로 옛 모습을 아름답게 보존하고 있다. 조곤조곤한 거리들과 넓은 공원, 그 앞에 펼쳐진 인도양의 푸른 바다, 파스텔 톤의 아름다움을 뽐내는 건물들. 이름에서부터 커피향이 풍기는 거리 '카푸치노 스트립'과 흥겨운 저녁을 책임지는 생맥주 공장 '리틀 크리처스'도 프리맨틀을 낭만 도시로 만들어 주는 데 빼놓을 수 없는 명소들이다. 프리맨틀 항구에 서 있으면 저 모퉁이 뒤로 불쑥 우아한 모자를 쓰고 풍성한 드레스를 입은 아가씨가 나타날 것만 같은 착각에도 빠진다.

프리맨틀의 고풍스러운 분위기에 화룡점정하는 것은 거리를 달리는 빨간색의 귀여운 트램이다. 매일 아침 10시부터 오후 4시까지 매시간 출발하는 트램 여행은 프리맨틀의 유명 유적지들을 모두 보여 주는 종합 선물세트이기 때문이다. 프리맨틀 감옥을 비롯해 시장과 기념탑 등 프리맨틀의 유명 여행지들에 관해 설명을 들으며 45분 간 돌아볼 수 있다.

수많은 명소 중에서도 프리맨틀을 특별하게 만들어 주는 것은 역시 카푸치노 거리다. 살랑살랑 인도양에서 불어 온 바람은 카푸치노 거리의 커피 향을 도시 구석구석에 퍼뜨려 준다. 카푸치노 거리는 수많은 카페들이 각자의 커피 뽑는 기술을 뽐내며 카푸치노를 만들어 내놓는 노천 카페촌. 신문을 보면서 여유롭게 커피를 마시는 나이 지긋한 할아버지부터 엄마와 함께 코코아를 마시는 귀여운 꼬마, 소설에 몰두하고 있는 청년까지 하나같이 편안한 표정을 하고 있다. 그저 그곳에서 커피 한잔을 놓고 사람 구경 하는 것만으

CREME
BRULEE
Amaretto
MOCHA
HAZELNUT
CREME
VanillaNut
Chocolate
Macadamia
Jamaican
Rum
Cicerello's
THE ORIGINAL & STILL THE BEST

로도 기분이 좋아진다. 부드러운 바람, 커피, 그리고 바다. 다음 일정만 없다면 더 이상 바랄 게 없는 자유로운 시간이다.

사람 구경하기 좋은 또 다른 곳은 프리맨틀 시장. 매주 금요일부터 일요일까지 열리는 프리맨틀 시장은 우리나라의 시골 5일장 같은 분위기다. 신선한 과일과 야채, 생선부터 부메랑이나 캥거루 인형, 육포 같은 여행자를 유혹하는 물건들이 수북하다.

프리맨틀만의 풍류를 즐기기 위해서는 항구에도 꼭 나가 봐야 한다. 수많은 배와 멋들어진 요트가 질서정연하게 자리잡고 있다. 특히 즐비하게 서 있는 요트는 괜히 마음까지 들뜨게 만든다. 해변을 산책하다가 배가 출출해지면 눈에 보이는 해산물 레스토랑이나 피쉬앤칩스 가게에 들어간다. 그 중에서도 100여 년의 역사를 지닌 '시세렐로'(Cicerello's)는 프리맨틀에서 가장 유명한 집. 가볍게 맛볼 수 있는 피쉬앤칩스부터 테이블을 가득 채울 정도로 푸짐한 해산물 요리까지 즐길 수 있다. 항구를 가장 멋지게 즐기기 위해서는 일볼 때 가야 한다. 인도양의 푸른 바다 위로 해가 서서히 떨어지면서 그려내는 멋진 색의 하늘, 그 훌륭한 자연의 작품 한 편을 감상할 수 있을 것이다.

Location | 프리맨틀에 가기 위해서는 서호주의 퍼스에 먼저 가야 한다. 퍼스까지 직항 노선은 없고 콴타스나 대한항공, 아시아나 항공을 이용해 시드니나 브리스베인에서 호주 국내 항공편으로 갈아탄다. 시드니에서 퍼스까지는 약 5시간 걸린다. 퍼스에서 프리맨틀까지는 기차로 30분.

Currency | 1달러(AUD) = 1014.65원

Time difference | 한국보다 1시간 늦다.

Visa | 전자입국비자(ETA)가 필요하다. 항공권을 구입할 때 항공사나 여행사를 통해 무료로 발급받을 수 있다.

서호주 정부 관광청 | http://www.westernaustralia.com/

Tip | 프리맨틀 시장에 들를 생각이라면 일정을 먼저 체크해야 한다. 프리맨틀 시장(www.fremantlemarkets.com.au)은 금요일부터 일요일까지만 문을 열기 때문이다.

연인과 함께여서 더 좋은
중국 리장과 샹그릴라

나지막이 불러보는 것만으로 가슴 속에 꽃이 필 것만 같은 '샹그릴라'. 흔히 이상향이라고 부르는 샹그릴라가 과연 지구상에 있기나 한 것일까. 1933년 미국의 소설가 제임스 힐튼 경의 소설 『잃어버린 천국(Lost Horizon)』에 나온 샹그릴라가 중국 어딘가에 있다고 하던데. 이 물음으로 시작했던 샹그릴라 여행은 더 없이 낭만스러운 여행이었다. '샹그릴라' 로 불리는 중국 서부에 위치한 중디엔은 자연의 장대함과 자연에 순응하며 사는 소박한 삶의 조화를 만날 수 있는 곳이다. 그리고 중디엔에서 그다지 멀지 않은 곳에 위치한 리장은 아름다운 전통 가옥과 수로 덕분에 아시아권에서 최고의 낭만을 느낄 수 있는 곳으로, 중디엔과 리장을 함께 돌아보는 중국 운남성 여행은 연인들에게 꼭 한번쯤 권하고 싶은 루트다.

그렇다고 이방인에게 샹그릴라는 그들의 아름다움을 호락호락하게 보여 주지 않는다. 해발 3300m에 자리한 덕에 여행자라면 고산병으로 인한 산소 부족을 피해 갈 수 없기 때문이다. 샹그릴라에 발을 내딛게 되면 누구나 한 번은 심하게 앓게 된다는 말 대로다.

높은 지대가 적응이 되면 눈이 시릴 정도로 넓은 대초원과 하얀 눈이 생생하게 살아 있는 해발 6000m급 산들이 시야에 들어온다.

샹그릴라에서 꼭 가 봐야 할 곳은 운남성 최대의 티벳 사원인 송림찬사. 7백여 명의 라마승이 수도를 하는 대형 사찰로, 티벳 불교의 독특한 색감과 그들만의 기도 법을 보여 준다.

샹그릴라에서 맛보는 티벳 향기는 리장으로 넘어오면서 꽃 향기로 변한다. 리장도 해발 2400m나 되는 험한 산 속에 있는 도시. 험준한 산 속에 이런 도시가 있을까 싶을 정도로 편안하고 아름다운 곳이다.

리장이 낭만적인 이유는 수로에 있다. '동방의 베니스' 라고 불릴 정도로 작은 도시에는 무려 300여 개의 다리가 이곳저곳을 이어 준다. 사방에 졸졸 흐르는 물소리를 들으며 그윽한 차를 한잔 마시거나 새벽 일찍 일어나 옅은 물안개가 피어오르는 도시 속을 산책하다 보면, 영화 속에라도 들어온 듯한 느낌이다.

마을 한가운데에 있는 시팡지에(사방가)에서는 밤이면 밤마다 마을 사람들의 작은 축제가 열린다. 리장에 사는 소수 민족인 나시족들의 민속춤이 한바탕 벌어지기 때문이다. 리장에 사는 소수민족인 나시족 할머니들의 귀여운 춤은 여행자를 즐겁게 만들어 준다.

붉은 등이 하나둘씩 켜지는 해질녘이 되면 리장은 세상에서 가장 아름다운 곳으로 변한다. 밤이 깊어 수로에 붉은 등이 비치면 나도 모르게 옆에 있는 사람의 손을 꼬옥 잡게 된다.

리장의 또다른 아름다움은 전통가옥에 있다. 리장의 전통가옥을 제대로 보기 위해서는 왕고루(리장에서 가장 높은 곳에 있다)에 올라가거나 오르막길에 있는 향기 좋은 카페를 찾으면 된다. 마음까지 넉넉해지는 리장의 지붕들을 내려다보면서 카페에 앉아 끄적끄적 그림을 그리다 보면 세상의 편안함이 손끝에서 온몸 구석구석으로 전달되는 것을 느낄 수 있다.

Location | 중국 남서부의 쿤밍으로 간다. 쿤밍에서 국내선으로 갈아타고 중디엔으로 이동한다. 쿤밍에서 중디엔까지는 비행기로 1시간 정도. 쿤밍에서 리장까지도 국내선이 운영되고 있다. 소요 시간은 약 40분. 버스로는 약 10시간 걸린다.

Currency | 1위안(CNY) = 159.47원, 1달러(USD) = 7.35위안(CNY)

Time difference | 한국보다 1시간 늦다.

Visa | 비자가 꼭 필요하다. 단체로 이동할 경우에는 단체비자를 받는 것이 저렴하고 편하다. 중국비자 발급 비용은 기간에 따라 요금이 달라진다.

Tip | 리장에서 출발하는 여행 프로그램이 다양하게 마련돼 있다. '여인들의 나라'로 알려진 루구호로 가는 2박 3일 투어를 비롯해, 주변 여행지들을 둘러보는 당일 투어들이 운영되고 있다. 중국어를 할 수 있다면 택시를 하루 대절해 원하는 곳을 둘러보는 것도 좋다. 하루 종일 택시를 대절하더라도 20달러 내외에서 해결할 수 있다.

요정마을에서 떠나는 지하도시 여행, 터키 카파도키아

처음에는 내 눈에 보이는 풍경이 믿기지 않았다. 이미 달력이나 인터넷에서 수백 번쯤 봤던 광경이었는데, 왜 이렇게나 낯설고 놀라울까. 생일날 쓰는 모자를 만드는 공장에 온 것처럼, 눈앞에 펼쳐진 것은 아름다운 장밋빛으로 칠해진 거대한 고깔모자들이었다.

때마침 해도 뉘엿뉘엿 지면서 온 하늘이 팔레트라도 된 양 아름다운 색이 칠해지고 있었다. 동화 같은 풍경을 혼자 보기 얼마나 아까웠던지. 옆에 누군가 있었다면 덥석 안아 버렸을지도 모르겠다.

유네스코가 세계문화유산으로 지정한 터키의 카파도키아. 이곳의 풍경은 세상 어느 곳에서도 만날 수 없는 특이함을 자랑한다. 뾰족하게 올라온 버섯바위들에서 요정이 금방이라도 튀어나올 것만 같다. 어찌 보면 지구별로 잘못 들어온 우주선이 불시착해 있는 게 아닌가싶기도 하다. 소아시아 반도 중앙고원에 위치한 카파도키아는 수백만 년 전에 화산이 폭발하면서 흘러 내린 용암 위에 바람과 재들의 풍화작용이 거듭되면서 이런 모습을 가지게 되었다고 한다.

요정의 집처럼 보이는 바위동굴 안으로 들어가면 더 놀라운 것들을 볼 수 있다. 과거 수도사들의 은신처로 사용된 교회였던 역사 때문에 괴레메 야외 박물관에 있는 바위 교회 안에서는 당시에 그려진 프레스코화들을 감상할 수 있다.

특이한 지형으로 인한 놀라움 뒤에 카파도키아를 더욱 오래도록 기억하게 하는 것은 곳곳의 로맨틱함이다. 굳이 '러브 밸리'라고 불리는 지역까지 가지 않아도 작은 언덕에 올라 버섯처럼 생긴 바위들을 바라보거나 나른하게 앉아 물 담배라도 한 대 피우다 보면, 여행하는 자만이 느낄 수 있는 길 위에서의

행복을 만끽할 수 있다.

카파도키아에서 만날 수 있는 로맨틱의 절정은 커다란 석회암 동굴을 파서 만든 동굴 호텔과 열기구 여행이다. 세계의 이색 호텔로도 손꼽히는 동굴 호텔은 카파도키아에만 있는 것이라 더욱 특별하다. 왠지 음침할 것 같지만 생각보다 깔끔하다. 호텔 시설마다 가격대는 천차만별이지만 호텔 테라스에서 일몰을 보면서 식사를 하는 것은 언제나 만족스럽다.

100달러가 넘는 가격에도 불구하고 새로운 것을 좋아하는 사람이라면 꼭 도전하는 카파도키아의 명물, 열기구를 타는 시간은 해뜨기 직전으로 막 태어나는 세상을 탐험하듯 계곡 사이사이를 날아다니며 카파도키아의 숨겨진 모습들을 꼼꼼하게 보여 준다. 마지막으로 카파도키아 여행에서 빠뜨리면 안 되는 것은 지하 도시로의 여행이다. 8세기경 기독교인들이 이슬람의 박해를 피하기 위해 만든 지하 도시가 카파도키아 지역에 그대로 남아 있다. 수많은 지하 도시 중 가장 보존 상태가 좋은 곳은 '데린쿠유'로 안에는 놀랍게도

사람들이 살던 집을 비롯해 마구간, 교회, 식당, 교도소까지 마련돼 있다. 환기와 온도조절 역할을 했던 통풍구까지 있는 것을 보면 벌어진 입을 다물 수가 없을 정도다. 현재까지 발굴된 부분은 지하 8층. 그러나 아직 발굴되지 않은 부분까지 감안하면 지하 17층까지 되는 깊이라고 하니 고대에 어떻게 이런 지하세계를 만들었는지 경이로울 따름이다.

Location ┃ 대한 항공, 터키 항공이 인천–이스탄불 직항 노선을 각각 주 3회 운항한다. 약 12시간 걸린다. 카파도키아가 있는 카이세리까지는 이스탄불에서 비행기로 1시간 반 정도 걸린다.

Currency ┃ 터키는 인플레이션이 심해 환율의 변동이 심하다. 1달러 = 1.213예테르(YTL)

Time difference ┃ 터키가 한국보다 7시간 정도 늦다.

Visa ┃ 비자 없이 90일 간 체류할 수 있다.

Tip ┃ 카파도키아에 가면 시내인 괴레메에서 오픈에어 뮤지엄으로 들어가는 길목에 있는 항아리 케밥을 먹어 보자. 우리 입맛에 딱 맞을 뿐만 아니라, 도자기 안에 밥이 들어 있어 남다른 재미를 맛볼 수 있다. 가능하다면 아침 일찍 출발하는 열기구 투어에도 도전해 보자. 하늘에 떠 있는 시간은 1시간 내외로 가격은 130달러에서 200달러까지 다양하다. 어떤 보험에 가입되어 있느냐에 따라, 시설에 따라 가격 차이가 난다. 대표적인 회사로는 카파도키아 벌룬즈, 괴레메 벌룬즈 등이 있다.

환상 속 만년설에 빠지다, 캐나다 로키

누구에게나 환상을 품게 되는 여행지가 있다. 캐나다의 로키가 나에게는 그런 여행지 중 하나였다. 사진으로만 봤을 때부터 마음 속에 새겨진 로키의 이미지는 푸른 침엽수들이 끊임없이 이어지고, 그 위에 살포시 얹혀 있는 흰 눈이 인상적인 모습이었다.

드디어 발을 딛게 된 로키는 나의 기대를 저버리지 않았다. 정신없는 일상을 보낼 때 위안을 주던 유키 구라모토의 피아노곡 '레이크 루이스' 처럼 로키의 보석 같은 호수 '레이크 루이스' 는 가슴 벅찬 감동을, 로키의 중심지인 밴프는 특유의 아기자기한 매력을 한껏 안겨 주었다. 스키를 즐기든, 즐기지 않든 로키의 매력은 누구에게나 열려 있다.

캐나다 로키 안에는 6641m에 이르는 엄청난 규모의 밴프 국립공원을 비롯해 요호, 재스퍼 국립공원이 옹기종기 모여 있어, 여행자들은 자연의 아름다움과 웅장함을 한꺼번에 느낄 수 있다. 아무리 세련된 도시 생활을 좋아하는 사람이라도 이곳에 오면, 푸른 숲과 1년 내내 녹지 않은 만년설에 반하지 않을 수 없다.

캐나다 로키의 중심 도시인 밴프는 사방이 런들산, 설파산, 캐스케이스산, 코르케이산으로 둘러 싸여 있어 도시 전체가 포근함을 안겨 준다. 도시라기보다는 마을이라고 해야 할 정도로 아담하지만 매년 4백만 명이 넘는 관광객들이 전세계에서 몰려올 정도로 유명한 휴양지다. 밴프의 외곽으로는 마릴린 먼로 주연의 영화 〈돌아오지 않는 강〉의 무대였던 보우 강이 특유의 옥빛을 자랑하며 유유히 흐른다.

밴프는 도시 속에서 야생 동물을 만날 수 있는 놀라운 곳이기도 하다. 새벽에 일어나 뿌연 안개 속을 걷다가 산에서 내려온 엘크와 눈이 딱 마주치기라도 하면 엘크보다 더 큰 눈을 뜬 채 아무 말도 못하고 한참 서 있게 된다. 하지만 이곳에서는 그다지 놀라운 일이 아니다.

엘크와 눈이 마주친 것만큼 놀라운 일은 로키 구석구석에 거울처럼 박혀 있는 호수에 손을 담글 때다. 눈앞에 펼쳐 있는데도 그림 같기만 한 호수. 차가운 기운이 살아 있는 호수를 느끼게 한다. 수정처럼 맑고 신비함을 주는 로키의 호수들은 신화 속에 등장하는 한 장면을 연상케 한다.

로키의 가장 즐거운 경험은 바로 온천욕이다. 밴프와 재스퍼에는 로키산맥의 아름다운 라인을 바라보면서 따끈따끈한 온천을 즐길

수 있기 때문이다. 설산을 병풍으로 펼쳐 놓고 부모님이나 연인의 손을 잡고 온천에 몸을 담그고 있노라면 세상에 더 이상 부러울 것이 없다. 만년설 속의 온천이라니 대자연 속에서 즐기는 최고의 호사다.

로키의 놀라움은 여기서 끝나지 않는다. 수만년 전에 형성된 빙하인 콜롬비아 아이스필드 빙하는 맨하탄의 5배, 밴쿠버의 2배가 넘는 크기를 자랑한다. 피라미드는 물론 엠파이어 스테이츠 빌딩까지 묻을 수 있을 정도로 깊다는 빙하의 규모가 언뜻 와 닿지 않는다.

그곳으로 가는 아이스필드 파크웨이는 세계에서 가장 아름다운 드라이브 코스다. 3000m가 넘는 고봉들이 양쪽에 빼곡히 들어서 있어, 눈부신 햇살이 산꼭대기의 하얀색 고깔모자에 떨어져 눈을 뜨지 못할 정도로 반짝인다. 차 안에

앞아 창밖의 풍경을 보노라면 마치 아이맥스 영화관에 앉아 있는 기분이 든다.

로키는 여행자에게 처음부터 끝까지 신비한 매력을 경험하게 한다. 예쁜 달력에 있던 그 풍경은 결코 환상이 아니었다는 것을 보여 준다.

Location | 인천~밴쿠버까지 에어 캐나다가 매일, 대한 항공과 싱가포르 항공이 주 3회 직항편을 운항한다. 그리고 밴쿠버에서 캘거리까지 항공으로 이동한 후 로키를 즐기면 된다. 캘거리에서 밴프로 바로 가고 싶으면 버스를 타면 되는데 시간은 약 1시간 50분 걸린다. 거리는 120km.

Currency | 1달러(CAD) = 1036.16원

Time difference | 한국이 정오일 때 밴쿠버는 19시, 캘거리는 20시다.

Visa | 6개월까지 비자는 필요 없다.

Tip | 콜롬비아 빙하 중에서도 많은 이들이 찾는 곳이 아사바스카 빙하(Athabasca Glacier)다. 아사바스카 빙하는 특별한 장비 없이 쉽게 접근할 수 있기 때문이다. 빙하 위에서 눈싸움을 즐기기도 한다. 장갑은 필수. 밴프에서 온천욕을 즐길 때는 수영복과 수건을 준비해 가는 것이 좋다. 빌려 주기도 하지만 대여료를 따로 받는다. 시간은 오전 10시부터 밤 10시까지. 밴프에는 '어퍼 핫 스프링', 재스퍼에는 '미에트 핫 스프링', 코트니 국립공원에는 '라디움 핫 스프링'이 있다.

RANO
RARAKU

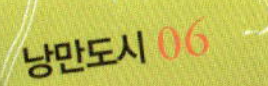

외로워서 더 아름다운 라파누이, 칠레 이스터 섬

가장 가까운 육지에서 3780km, 타히티에서 4300km, 우리나라에서는 무려 1만6000km가 떨어져 있는 이스터 섬. 대부분의 여행자들은 돌하르방처럼 생긴 거대 석상 '모아이'에 대한 호기심으로 이곳에 오지만, 일단 하루만 묵게 되면 이곳이 얼마나 낭만적인 여행지인지 새삼 깨닫는다.

아무런 이유도 없이 바다를 하염없이 쳐다보고 있는 모아이들, 그리고 그 모아이들 뒤로 피어오르는 아름다운 일출과 남태평양의 물빛을 바라보면 가슴이 두근거린다. 그냥 하염없이 바라보기만 해도 시간이 지루하지 않다.

게다가 이 얼마나 외로운 곳인가. 칠레 산티아고에서 비행기를 타고 5시간 30분이나 날아가야 닿을 수 있는 이곳은 지구의 모든 대륙에서 가장 멀리 떨어져 있는 신비의 섬이다. 그 어떤 곳에서도 맛볼 수 없는 고독한 낭만의 내음이 있다.

지금부터 290여 년 전인 1722년, 항해를 하던 네덜란드 선장이 외딴 섬 하나를 발견했다. 마침 그날이 부활절이었고, 네덜란드 선장 로헤빈은 부활절에 발견한 섬이라는 뜻으로 이곳에 '이스터'라는 이름을 붙였다. 그러나 정작 이스터 섬에 들어가 보면 '라파누이'라는 이름을 더 자주 듣는다. 라파누이는 이 섬에 처음 들

어온 마오리족이 붙인 이름. 마오리족 원주민들은 노예 사냥으로 대부분 사라졌지만 라파누이라는 이름은 지금까지 남아 있다.

이스터 섬에 있는 모아이는 모두 877개로 그 크기가 다양하다. 작게는 2m 정도부터 크게는 20m에 이르는 것까지 있다고 하니, 머릿속에 그려 보기가 쉽지 않다. 수많은 모아이 중에서도 15개의 모아이가 반듯하게 서서 바다를 바라보고 있는 아후 통가리키(Ahu Tongariki)와 일곱 개의 모아이가 서 있는 아후 아키비(Ahu Akivi)가 유명하다. 아후(Ahu)는 신성한 제단이란 뜻으로, 아후 위에 세워진 모아이는 원주민들이 수호신으로 숭배했던 것으로 알려 있다. 북쪽에 있는 아후 나우나우도 독특한 풍광을 가지고 있다. 풍성한

야자수와 하얀 모래가 펼쳐져 있는 아나케나 비치 옆에 일곱 개의 모아이가 나란히 서 있다. 그리고 그 밑에는 일광욕을 즐기는 여행자들이 세상에서 가장 편한 포즈로 나른하게 누워 있다. 고고학 수업의 답사처럼 섬 전체에서 옛 숨결을 더듬다가 갑자기 여기에 오면 허니문 여행지에 도착한 기분도 든다.

채석장이라고 할 수 있는 라노 라라쿠(Rano Raraku)도 빠뜨릴 수 없다. 여기에서는 더 자유분방한 모아이들을 한꺼번에 만날 수 있다. 마치 일을 하던 노동자들이 잠시 쉬러 간 것처럼 완벽하지 않은 모아이들이 모여 있다. 땅에 코를 박고 있는 모아이부터 와불처럼 편안히 누워 있는 모아이, 엉거주춤 서 있는 모아이, 반쯤 어설프게 인사하고 있는 모아이까지 경건하고 외로워 보였던 모아이의 새로운 모습에 웃음이 절로 나온다.

섬은 제주도(1825km²)의 10분의 1도 안 될 정도(117km²)로 작은 편이다. 사람이 사는 곳에 모아이가 있는 것인지, 모아이가 사는 곳에 사람들이 잠시 머무는 것인지 잠시 착각을 일으킬 정도로 모아이가 주인공이다. 특히 섬의 유일한 시내인 항가로아만 벗어나면 제주도의 오름처럼 생긴 작은 구릉과 바다, 모아이들이 반복되어 나타날 뿐이다. 한참 달려도 마주 오는

차 한 대를 만나기 어려울 정도로 적막하다. 그래서 이스터에서 돌아다닐 때는 차나 오토바이를 렌트 하는 것이 편하다. 아니면 투어 프로그램을 이용하거나 택시를 타고 다녀도 된다. 물론 낭만의 이스터를 온몸으로 느끼기 위해서는 한 걸음 한 걸음 모아이를 향해 걸어가는 것이 좋겠지만.

Location | 이스터 섬으로 가는 직항은 없다. 란칠레 항공을 이용해 미국 LA를 경유, 칠레 산티아고를 거쳐 이스터 섬에 들어가는 것이 일반적인 루트. 산티아고에서 이스터 섬까지는 약 4시간 30분 걸린다.

Currency | 화폐 단위는 페소. 1달러 = 515페소(peso).

Time difference | 한국보다 13시간 늦다.

Visa | 90일까지는 비자가 없어도 된다.

Tip | 매년 2월에는 '타파티' 축제가 열린다. 칠레에서는 여름 휴가 기간이라 사람들이 몰린다. 이때는 숙소를 미리 예약하는 것이 걱정을 더는 길이다. 이스터 섬 내에는 식당이 많지 않기 때문에 먹을 것을 챙겨 가는 것이 좋다. 섬 안에서는 대부분 택시나 자전거를 이용해서 다닌다. 대중교통이 발달되어 있지 않기 때문에 차를 렌트하는 것도 추천한다.

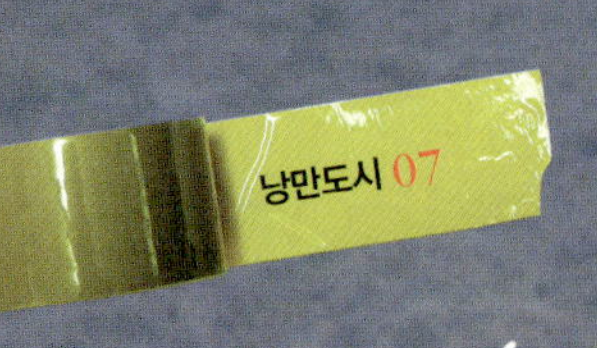

상상 속 동물들과 눈을 마주치다,
탄자니아 세렝게티

'아프리카 세렝게티는 얼마 남지 않은 야생동물들의 천국입니다. 이곳에서 초식동물이 살아남는다는 것은 쉬운 일이 아닙니다. 많은 위험이 도사리고 있지요.'

-영화 〈말아톤〉 중

영화 말아톤에서 주인공 초원이가 얼룩말과 달리는 꿈을 꾸는 세렝게티(Serengeti). 내셔널 지오그래픽과 동물의 왕국에 등장해 퍽퍽한 일상을 사는 이들의 마음을 마구 흔들어 놓던 그 대평원. 세렝게티 여행은 동물원에서 동물을 보듯, 그들을 구경하러 가는 것이 아니라 동물과 눈을 맞추고 달리고 잠을 자러 가는 '동물 속으로 폭 들어가는 여행'이다.

마사이어로 '끝없는 평원'이라는 뜻을 가지는 세렝게티 대평원은 세렝게티 국립공원과 응고롱고로 보호구역으로 나뉘어 있다. 세렝게티와 응고롱고로는 사람들이 나눠 놓은 경계이기 때문에, 동물들은 마음대로 평원을 넘나들 수 있다. 세렝게티와 응고롱고로뿐인가. 케냐에 속해 있는 마사이마라도 마찬가지이다. 세렝게티 대평원에서 살던 동물들이 풀과 물을 찾아 마사이마라로 대이동하는 장관은 세렝게티를 대표하는 이미지 중 하나다.

세렝게티 면적은 1만4763㎢ 로 우리나라 강원도(16,562.47㎢) 보다 약간 작은 정도. 이곳은 동물들의 소중한 보금자리다. 사람들은 잠깐 동물들의 양해를 얻고 그들을 엿보러 그 안으로 들어간다. 이것이 보통 우리가 '사파리'라고 말하는 '게임 드라이브'다. 세렝게티에서 게임 드라이브를 하기 위해서는 탄자니아의 작은 도시 아루샤에 먼저 가야 한다. 이곳에서 3박 4일간 세렝게티와 응고롱고로 국립공원을 함께 돌아볼 여행자들을 찾는다. 팀이 만들어지면, 다음날 현지 가이드, 요리사와 함께 본격적인 여행을 시작하게 된다.

첫날 게임 드라이브는 만야라 내셔널 파크(Manyara National Park)에서 시작된다. 만야라 내셔널 파크에는 커다란 호수가 있는데, 호수 가까이에 가니 입을 하늘 높이 벌리고 있는 하마와 그림처럼 펼쳐진 얼룩말들, 코끼리 가족의 이동이 눈에 들어온다. 첫날밤은 아프리카에서 동물들과 눈을 맞췄다는 흥분에 잠이 오지 않을지도 모른다. 이틀째 되는 날은 아프리카 여행의 하이라이트라고 할 수 있는 세렝게티 국립공원을 만나는 날이다. 어디에선가부터 시작된 초원은 끝없이 펼쳐 있다. 지프의 뚜껑을 열고 상반신을 스윽 내밀어 본다. 얼굴에 부딪히는 초원의 바람이 그렇게나 풋풋하고 싱그러울 수가 없다. 혹시 날씨가 좋지 않다 해도 서운해할 필요는 없다. 나름대로 운치가 있으니까. 운이 좋다면 대평원에 반원 모양을 한 무지개를 볼 수도 있다. 그것도 쌍무지개로.

세렝게티에서는 그동안 TV에서 보았던 대부분의 동물들을 만날 수 있다. 세렝게티는 100만 마리의 누떼와 20만 마리의 얼룩말, 15만 마리의 톰슨가젤이 뒤섞여 살고 있는 동물 세상이다. 눈빛 번득이는 사자부터 나뭇가지에 우아하게 앉아 있는 치타, 화려한 디자인을 자랑하는 얼룩말, 넘치는 힘을 자랑하는 아프리칸 코끼리까지. 가장 자주 볼 수 있는 동물 중 하나는 귀를 쫑긋 세우고 있는 톰슨가젤이다. 세렝게티 먹이사슬 중 하위에 있는 톰슨가젤은 부지런하다. 조금이라도 한눈을 팔았다가는 사자나 치타에게 잡아먹힐 위험에 처하기 때문이다.

마지막 날은 응고롱고로에서 게임 드라이브를 하는 날. 마치 거인이 발자국을 찍어 놓은 것처럼 움푹 파인 응고롱고로는 세계에서 손에 꼽힐 정도로 큰 규모의 칼데라다. 남북 16km, 동서 19km에 이르는 응고롱고로 분화구로, 그야말로 '동물의 왕국'이다.

이곳에서 본격적으로 아프리카의 빅5를 찾으러 다니기 시작한다. 코끼리부터 사자, 표범, 버팔로, 코뿔소까지 하나씩 체크를 해 가며 숨을 죽이고 동물들을 쫓아다닌다. 워터벅, 와일드비스트, 자칼, 하이에나, 코리 버스터드, 오릭스 등 그 동안 몰랐던 수많은 동물들을 알게 된다. 아프리카 게임 드라이브는 3박 4일로 끝나지만 새롭게 알게 된 동물들은 인생을 더욱 흥미진진하게 만들어 줄 새로운 눈을 뜨게 해 줄 것이다.

Location | 직항편은 없다. 홍콩을 거쳐 케냐 나이로비로 간 후 버스를 타고 아루샤로 내려가거나 남아프리카공화국 요하네스버그를 거쳐 나이로비에 들어간 후 이동하는 방법이 일반적이다.

Currency | 1달러 = 800Tsh(탄자니아 실링)

Time difference | 서울보다 6시간 늦음.

Visa | 국경에서 발급. 50달러.

Tip | 동물들을 더 자세히 보기 위해서 망원경을 챙겨 가는 것이 좋다. 가볍고 성능 좋은 망원경으로 골라서 구입하자.

낭만도시 08
이곳에 가면 누구나 로맨티스트가 된다,
쿠바 트리니다드

쿠바에서도 가장 아름다운 도시로 꼽히는 트리니다드. 도시 전체가 세계문화유산으로 지정되어 있는 트리니다드에 발을 딛는 순간, 도시를 감싸고 있는 파스텔톤 색에 취해 누구나 로맨티스트가 되고 만다.

자그마한 마요르 광장을 둘러싸고 있는 형형색색의 건물들은 아기자기한 이야기 속 한 페이지에 들어온 듯한 기분을 안겨준다. 햇살이라도 찬란하게 건물을 비춰 주면 그 황홀한 기분은 이루 말할 수 없다. 트리니다드 한가운데 서 있다 보면 쿠바의 정치적 상황이나 경제적 어려움, 이런 걱정들은 어디론가 사라지고 없다. 단순하게 눈앞에 펼쳐진 평화와 그 평화로움을 감싸고 있는 우아한 건축물들로 마음은 그저 따뜻해질 따름이다.

인구는 겨우 3만 명, 수도 아바나에서 동남쪽으로 120km 떨어진 트리니다드가 극찬을 받게 된 이유는 그들의 과거에 있다. 스페인이 쿠바에 자리를 잡았던 1500년대부터 트리니다드의 지주들은 사탕수수로 큰 부를 쌓기 시작했다. 그들은 경쟁적으로 호화로운 집을 짓고 집 안에 작은 정원을 만들어 꽃을 심었다. 그리고 예술가들은 트리니다드를 배경으로 그림을 그리고 조각을 만들었다.

그러나 20세기에 들어서면서부터 설탕 산업이 사양길에 들어서자 트리니다드도 쇠락의 길로 들어서기 시작해, 쿠바의 평범한 작은 마을로 주저앉게 됐다.

식민시대의 영화로움은 사라졌지만, 당시의 화려함은 건물들과 골목 구석구석에 남아 있다. 작은 도시의 길은 걷는 즐거움을 주는 코블 스톤으로 깔려 있다. 그리고 굽이굽이 이어진 적당한 크기의 골목길들은 도시의 아름다움을 더해 준다. 붉은 지붕에 노랑, 빨강, 파랑으로 칠한 건물, 그리고 조금은 썰렁해 보이는 창문이 트리니다드의 아이콘이다.

골목길과 아름다운 색의 건축물들을 보는 것이 좀 지겨워졌다면, 이제는 흥겨운 음악에 빠질 시간이다. 트리니다드에도 역시 어깨를 들썩거리게 만드는 쿠바 음악이 어디에나 흐른다. 특히 밤이 되면 도시의 사람들과 여행자들은 마요르 광장 부근의 카사 델라 뮤지카로 몰려든다. 심장을 울리는 그들의 음악만큼이나 뜨거운 여름밤의 분위기도 근사하다. 무대가 야외에 마련돼 있어 총총 떠 있는 별 아래에서 가끔 불어오는 시원한 바람과 함께 음악을 안을 수 있기 때문이다.

트리니다드에 왔다면 빠뜨리면 안 될 곳이 있다. 과거 트리니다드의 영광을 있게 한 잉헤니오스 계곡(Valle de los Ingenios)이다. 이곳은 쿠바에서도 사탕수수 농장이 밀집되어 있던 곳으로, 전성기에는 50여 개의 농장이 있었다. 여기에는 높게 탑처럼 솟아 있는 망루가 있다. 높이가 44m나 되는 이 망루는 사탕수수 농장이 있던 시절, 노예를 감시하던 타워였다. 망루에 오르면 잉헤니오스 계곡이 한눈에 내려다보이는데, 지금은 그저 시원한 풍경만이 여행자를 맞을 뿐이다. 그 풍경 뒤에는 쉬지도 못하고 일을 해야 했던 노예들의 삶이 역사의 뒤안길로 쓸쓸히 사라지고 바람만 불고 있다.

트리니다드 여행의 마무리는 남쪽으로 12km 떨어져 있는 얀콘 비치가 좋다. 카리브해에 떠 있는 섬이라 어디를 가도 해변을 만날 수는 있지만 얀콘 비치는 그 중에서도 근사한 일몰을 자랑한다. 언제 가도 한가하기 때문에 책을 한 권 챙겨 가는 것도 좋다. 하루쯤 그림 같은 풍경 속에 들어가 여유를 즐기다 보면, 여행자들이 왜 쿠바의 트리니다드를 그렇게나 외치는지 자연스럽게 알게 된다.

Location ㅣ 직항편은 없다. 최소한 두 번은 비행기를 바꿔 타야 한다. 미국 LA나 뉴욕에서 비행기를 갈아타고 멕시코 휴양도시 칸쿤으로 간다. 칸쿤에서 쿠바로 들어가는 것이 가장 많이 이용하는 방법이다.

Currency ㅣ 쿠바의 화폐는 2가지 종류가 있다. 외국인들이 사용하는 '전환 페소(CUC)' 와 쿠바 사람들이 사용하는 '쿠바 페소(CUP)' 다. 외국인들은 대부분 전환 페소를 사용해야 하지만 길거리에서 파는 햄버거나 음료, 시장 등에서 파는 고기, 야채, 과일 등을 사는 데는 쿠바 페소를 사용할 수도 있다. 1달러=약 1.1CUC(캐나다 달러를 가지고 환전하는 것이 유리하다. 그러나 매번 환율과 상황이 바뀌기 때문에 가기 전에 체크해야 한다.)

Time difference ㅣ 한국보다 14시간 늦다.

Visa ㅣ 별도로 비자는 필요 없고 항공권을 살 때 여행자 카드를 함께 구입하면 된다.

Tip ㅣ 골목에는 아기자기한 장이 선다. 직접 손뜨게를 한 옷과 테이블보가 예쁘다. 기념품이나 선물로 구입해도 후회하지 않을 것이다.

후회 없는 해외쇼핑을 위한 두 가지 습관

여행에서 쇼핑에 대한 비중이 높아질수록 꼭 생각해야 할 두 가지가 있다. 먼저 자신만의 테마를 정하는 것이다. 어떤 이는 여행을 하면서 그 나라의 지도를 꼭 구입한다. 나라별 전통 옷이나 마그네틱, 인형, 음악 CD, 맥주 병, 동전, 엽서, 메뉴판, 커피 등 모으는 종류도 다양하다. 단 하나 분명한 것은 하나의 일관성을 가지고 모으다 보면 그것들이 큰 재산이 되어 있다는 것. 늦지 않았다. 지금부터라도 하나씩 '주제'를 가지고 컬렉션을 만들어 보자.

세계의 지폐 컬렉션

두 번째로 유념해야 할 것은 윤리적인 소비다. 여행에서의 윤리적인 소비란 다국적 기업들이 만든 제품보다는 제3세계 생산자들이 만든 물건을 공정한 가격을 주고 사는 것을 말한다. 아무 생각 없이 쇼핑하기보다는 내가 하는 쇼핑이 세상 사람들이 조화롭게 살아가는데 해를 끼치는 행위는 아닌지 한번쯤 생각해 보는 것은 어떨까. 실천하는 것도 그리 어렵지 않다. 과도하게 쇼핑하지 않기, 너무 많이 깎지 않기. 이런 작은 일들도 중요한 윤리적인 소비 활동들이다.

PART 3

다 내려놓고 즐겨라!
휴식과 여유 속 나를 찾아서

all knowledge
I am nothing
the flames
KOALAS
AUSTRALI

향긋한 커피와 한없는 여유로움, 호주 로트네스트 섬

차가 다니지 않는 작은 섬이 있다. 그림 같은 해변에는 돔(DOME, 호주의 대표 커피 체인)에서 풍기는 잔잔한 커피향이 흐른다. 선글라스를 걸치고 야외에서 커피를 즐기는 엄마 옆에서 금발머리의 꼬마는 신나게 흙장난을 하고 있다. 자연의 모습을 그대로 간직한 이곳은 바로 호주에서도 유명한 휴양지, 로트네스트 섬이다.

로트네스트 섬은 퍼스에서 1시간 30분 정도 페리를 타고 들어가는 호주의 대표적인 휴양지다. 자전거로 5~6시간이면 일주를 할 수 있을 정도로 작은 섬이지만, 섬 전체가 자연과 더불어 놀 수 있는 테마파크처럼 만들어져 있다. 두 손을 높이 들고 소리를 지르는 놀이기구는 없지만, 자전거 하이킹과 경비행기 투어, 잠수함 투어, 올리버 힐 기차 투어, 스노클링, 다이빙 등 자연 속에서 즐길 수 있는 레포츠가 셀 수 없이 많다. 로트네스트가 특별한 이유는 자연환경이 완벽하게 보호되고 있기 때문이다. 섬 안에서 일반 차량은 전혀 돌아다니지 못하고 여행자들은 대부분 자전거로 이동한다. 경적 소리도 없고 매연도 없다. 상쾌한 공기와 싱그러운 나무들, 어디에서나 한가로움을 누릴 수 있는 천혜의 자연 환경이 마음을 가볍게 만든다.

© 서호주 관광청

© 서호주 관광청

로트네스트 섬에서는 꼭 즐겨야 하는 세 가지가 있다! 첫 번째는 물 속 세상을 구경하는 것. 섬 주변에 흐르는 따뜻한 해류를 따라 화려한 열대어들과 형형색색의 산호초가 여행자들을 기다리고 있다. 아름다운 바닷속을 볼 수 있는 서핑과 낚시, 스쿠버다이빙이나 스노클링은 이곳의 인기 액티비티다.

두 번째는 경비행기 타기. 하늘에서 내려다본 로트네스트 섬은 감탄사를 자아내게 만든다. 가격도 다른 곳에 비해 저렴한 편으로 25달러에 하늘 위의 유람을 만끽할 수 있다. 경비행기를 타면 눈을 시리게 만드는 파란 바다와 귀여운 로트네스트 섬을 여러 가지 각도에서 만날 수 있다.

마지막으로 로트네스트 섬에서 가장 인기 있는 놀이는 자전거 타기다. 멋진 풍경과 함께 바람을 즐길 수 있기 때문이다. 자전거로 아름다운 섬을 구석구석 돌아다니며 마음에 드는 곳에서 멈춰 사진도 찍고, 멋진 바닷가에 앉아 차 한 잔을 하며 '진정한 휴식'을 만끽할 수 있다. 매년 12월 첫째 주에는 섬 주변 1600m 코스에서 열리는 수영대회가 있는데, 수영을 좋아하는 이라면 이런 이벤트에 참여해 보는 것도 좋겠다.

로트네스트 섬이 특별한 이유가 하나 더 있다. 바로 '쿼카'. 쿼카는 지구에서 유일하게 로트네스트 섬에만

사는 동물로 꼭 커다란 쥐처럼 생겼다. 캥거루처럼 배주머니에 새끼를 키우는 유대류로 사람들과도 쉽게 친해진다.

로트네스트 섬은 '로토(Rotto)'라는 애칭으로도 불리는데, 로트네스트 섬에 발을 디뎠던 초창기 네덜란드 사람들이 쿼카를 쥐로 잘못 보고 '쥐가 사는 곳'이라는 뜻의 로트네스트라는 이름을 지었다고 한다. 길거리에서는 잘 볼 수 없지만 숲 속에 가서 잠시 기다리고 있으면 어디에선가 배에 새끼를 안은 쿼카가 나타난다. 한참 동안 쿼카들과 놀다 보면 어느 새 누가 쿼카고 사람인지 헷갈린다.

로트네스트 섬에는 퍼스나 프리맨틀에서 당일 여행으로 오는 여행자들이 많지만 머물지 않고 떠나기에는 아쉬움이 남는 곳이다. 가능하다면 여유를 가지고 가서 시계를 풀어 놓고 있는 것이 좋다. 그 안에 있으면 시간도 그냥 멈춰 버릴 테니까.

Location | 프리맨틀은 서호주에 있는 작은 섬이다. 캐세이퍼시픽을 이용, 홍콩을 경유해서 서호주의 퍼스까지 간다. 연결편 이용 시간을 포함해서 약 13시간 걸린다. 퍼스에서 페리로 약 1시간 30분 소요된다.

Currency | 1달러(AUD) = 1014.65원, 1달러(USD) = 1.13 달러(AUD)

Time difference | 한국보다 1시간 늦다.

Visa | 전자입국비자(ETA)가 필요하다. 항공권을 구입할 때 항공사나 여행사를 통해 무료로 발급받을 수 있다.

서호주 정부 관광청 | http://www.westernaustralia.com/

Tip | 호주는 검역이 철저하다. 동식물이나 음식물을 가지고 들어가는지 잘 체크하자. 계절이 우리와 정반대이기 때문에 겨울철에 찾는 여행자들이 많다. 태양이 뜨겁기 때문에 꼭 썬크림을 준비해야 한다. 로트네스트 섬에서 자전거를 빌리는 비용은 17호주달러로, 5시간 정도면 섬을 일주할 수 있다. 가이드 동반 투어를 비롯해서 인도양의 다양한 해양생물을 관찰할 수 있는 언더워터 투어, 바닥이 유리로 된 보트를 타고 해저를 탐험하는 투어 등이 있다. 또 섬 안에는 바비큐 시설과 골프장, 도서관, 테니스 코트와 함께 유스호스텔, 캐빈, 호텔 등 다양한 숙박 시설이 마련돼 있다. 캠핑장은 약 7000원, 유스호스텔은 2만~4만 원, 별장형 숙소는 15만 원 정도 된다. 마사지나 명상을 좋아하는 사람들을 위한 웰니스 센터도 있다.

남태평양의 매력이 살아 숨쉬는 곳

'하파다이(Hafa Adai)!'

곰에 도착해서 떠날 때까지 귓가를 맴도는 흥겨운 차모르(곰 원주민)의 인사말이다. 엄지와 새끼손가락을 뺀 세 손가락을 접고 손을 좌우로 흔들며 인사를 나누기 시작하면 시나브로 행복에 풍덩 빠져든다. 여기는 최고의 휴양지 곰이다.

휴식을 위한 가장 훌륭한 여행지로 곰을 꼽는 이유는 가깝고 편리하기 때문이다. 게다가 바다가 무척 아름답다. 직항 편을 이용하면 단 4시간 만에 남국으로 날아갈 수 있고, 밤에 출발해서 새벽에 도착하는 비행 스케줄 때문에 바쁘디 바쁜 직장인들에게도 안성맞춤이다. 전 지역이 면세 지역이라 마음껏 쇼핑할 수 있다는 매력도 빼놓을 수 없다.

'곰'이란 이름은 차모르어로 '우리는 가지고 있다' 라는 '과한'에서 유래했다. 푸른 바다와 밀가루처럼 부드러운 백사장, 천혜의 기후를 가지고 있다는 의미일까? 곰은 어느 구석 하나 아름답지 않은 곳이 없다.

수려한 자연과 어울리는 차모르인의 여유가 여행자들의 마음을 편하게 만든다. 하루에도 몇 번씩 비가 쏟아지지만 누구 하나 뛰어가거나 우산을 꺼내 들지 않는다. '비가 오면 그치겠지~' 하는 여유로움은 모든 이들이 곰을 사랑할 수밖에 없는 이유 중 하나다.

사람들뿐만 아니라 곰에서는 게시판마저 친절하다. 웬만한 관광지에서는 모두 한국어 서비스를 하고 대부분의 호텔에는 한국 직원들이 있다. 길거리 표지판이나 쇼핑몰 곳곳에서도 익숙한 한국어를 찾아볼 수 있어 준비 없이 떠난 여행자라도 편하게 머무를 수 있다.

괌은 화려함과 소박함, 고즈넉함과 역동성 등 여러 모습을 가지고 있다. 특히 새벽에 괌에 도착하는 여행자들에게 첫날 아침은 특별하다. 아무것도 보이지 않던 암흑의 바다가 아침이 되면 한 폭의 그림으로 변하기 때문이다. 밀려오는 아침의 감동을 안고 오전에는 가벼운 소설책 한 권을 들고 해변에 나가 여유를 즐기는 것도 좋다.

그러나 빛나는 오후가 되면 가만히 앉아 있을 수만은 없다. 괌은 해양 스포츠의 천국으로 괌에서 경험할 수 있는 해양 스포츠는 하루가 모자랄 정도로 많다. 머리에 큰 헬멧을 쓰고 바다 밑바닥을 걸어다니는 '시 워커'(Sea Walker), 돌고래들의 힘찬 몸짓을 볼 수 있는 '돌핀 와칭'(Dolphin Watching), 낙하산에 매달려 하늘을 나는 '패러세일링'(Parasailing)을 비롯해 스노클링 · 스쿠버다이빙 · 워터바이크 등 가벼운 것부터 전문가 수준에 이르는 다양하고 신나는 해양 스포츠들을 즐길 수 있다.

액티비티에 관심이 없는 사람이라면 해안선을 따라 괌의 역사를 알 수 있는 유적지를 감상해 보자. 그 중에서도 가장 유명한 곳은 '사랑의 절벽'. 사랑하는 연인을 떼어 놓으려는 장교를 피해 달아나던 차모르 연인이 100m 낭떠러지로 떨어졌다는 사연이 있는 절벽이다. 이곳에 있는 '사랑의 종'을 치면 이별을 하지 않는다는 전설이 있으니 연인과 함께라면 꼭 들러 봐야 한다.

또 시간과 장소에 따라 다른 빛으로 변하는 물빛 감상도 괌 여행의 묘미다. 아침에 커튼을 걷고 호텔에서 내려다보는 산호빛 바다와 사랑의 절벽에서 보는 짙푸른 바다, 한낮에 돌고래를 보러 가는 길에 만나는 코발트빛 바다, 니코호텔 엘리베이터에서 보이는 연녹색 바다. 장소에 따라 괌의 바다는 각기 다른 매력을 뽐낸다.

저녁이 되면 괌은 화려한 모습으로 변신한다. 샌드캐슬의 칵테일쇼는 라스베이거스의 여러 쇼를 섞어 놓은 듯, 무희들의 현란한 춤과 다양한 마술을 보여 준다. 저녁이면 해변 앞에서 바비큐 파티를 즐기는 낭만도 놓쳐서는 안 된다.

Location | 대한 항공이 매일 인천과 괌의 직항편을 운항하고 있다. 오후 8시 10분 인천 출발, 다음날 오전 1시 25분 괌 도착. 도착 비행 시각은 오전 3시 10분 괌 출발, 오전 6시 40분 인천 도착이다.

Currency | 괌은 미국령이므로 통용 화폐는 미국달러다. 여행 중 현금이 부족하면 신용카드를 이용하거나 쇼핑몰에 설치된 ATM에서 쉽게 돈을 인출할 수 있다.

Time difference | 괌은 한국보다 1시간 빠르다. 한국이 정오일 때 괌은 오후 1시다.

Visa | 미국령이지만 비자는 따로 필요 없다. 14일 이상 체류하려면 미국 비자가 필요하다.

Tip 1 | 괌은 휴양지이기도 하지만 대표적인 쇼핑 여행지이기도 하다. 버버리, 폴로 등 여러 브랜드의 최신 상품을 비교적 저렴하게 살 수 있는 면세점 'DFS 갤러리아 괌'을 비롯해 가장 많은 여행객들이 몰리는 아웃렛인 괌 프리미어 아웃렛, 아기자기한 기념품이나 선물을 사기 좋은 아가나 쇼핑센터 등이 인기 있다. 현지인들의 슈퍼마켓을 찾고 싶다면 K마트에, 괌 여행 기념품을 사고 싶다면 ABC마트에 가 보자.

Tip 2 | 미국 본토에서처럼 괌은 팁 문화가 일반화되어 있다. 호텔에서뿐만 아니라 식사를 하거나 택시를 탈 때도 10~15%의 팁을 주는 것이 기본이다.

괌 관광청 | http://www.welcometoguam.co.kr/

아무 이유 없이 그저 수면되는
탄자니아 잔지바르

인도양에 보석처럼 떠 있는 섬, 탄자니아의 잔지바르. 잔지바르는 우리에게 '이국적'이라는 느낌을 문자 그대로 전하는 섬이다. 잔지바르는 아프리카 대륙에 있으면서 이슬람의 역사를 가지고 있고, 파스텔 톤의 바다를 가졌다.

잔지바르에 가면 어디에서든지 사람들은 '하쿠나 마타타(괜찮아), 그래 모든 일은 잘 될 거야'라고 말한다. 그래서 어떤 사연이 있는 사람이라도 마음을 놓게 된다. 내가 누구라 해도 모든 걸 잊고 마음놓게 해 주는 곳, 그곳이 잔지바르다. 마치 시계를 뒤로 살짝 돌려놓은 듯, 조금 느리게 가도 아무도 뭐라 하지 않는다. 그래서 그냥 바다가 아름답기만 한 섬과는 확실히 다르다.

잔지바르의 역사는 굽이굽이 사연을 품고 있다. 아프리카 원주민과 아랍계, 인도계 사람들이 1000년 동안 이 땅에서 조화롭게 살아 왔다. 역사적으로 수메르, 이집트, 인디언, 오만, 페르시아, 네덜란드, 영국 등 수많은 서로 다른 배경의 사람들이 이 섬을 드나들었다. 그야말로 코스모폴리탄 아일랜드다.

이런 역사적인 배경 때문에 잔지바르 섬은 여러 문화들이 한데 섞여 있어 다른 어떤 곳에서도 느낄 수 없는

독특한 이미지를 풍긴다. 잔지바르는 아프리카에 있지만, 이 섬에서는 코피아(이슬람 모자)를 쓴 남자들과 여러 문양의 차도르를 입은 여인들을 쉽게 만날 수 있다. 아라베스크 문양의 카펫이며 항구 앞에서 파는 진한 이슬람식 커피를 만나면 타임머신을 타고 중세의 작은 마을로 와 있는 것 같다. 어딘가에서 들려오는 기도 소리와 세월의 더께를 안고 있는 회벽, 꼬불꼬불 끝없이 이어진 길은 묘한 기분을 안겨 준다.

이국적인 느낌을 한껏 느끼기 위해서는 먼저 잔지바르의 중심가 스톤타운으로 가야 한다. 스톤타운에는 아랍식 가옥 양식을 따른 건축물들과 노예시장의 유적, 구불구불한 길, 오만 제국의 요새, 이슬람 사원, 술탄의 왕국 등 유적들이 옹기종기 모여 있다. 반나절이면 시내를 한 바퀴 돌아볼 수 있지만 꼼꼼히 살펴보기 위해서는 2~3일은 필요하다. 일몰 때가 되면 '경탄의 집' 앞에 있는 포로하니 공원에 포장마차 촌이 펼쳐진다. 500원 정도면 해물 꼬치부터 사탕수수 주스, 바나나 튀김 등 신기한 음식들을 배불리 먹을 수 있다.

이국적인 유적들과 함께 잔지바르를 대표하는 아름다움은 어느 해변에서나 만나는 쪽빛 바다다. 예술가들이 많이 살아 여기저기 작품들이 넘쳐나는 섬, 잔지바르에서의 바다는 남다르다. 특히 북쪽에 위치한 능위 비치에서 바라보는 바다는 너무나 아름답다.

그림 같은 쪽빛 바다 위로 동력이라고는 전혀 쓰지 않고 바람의 힘으로만 움직이는 배 '다우(dhow)'가 두 둥실 떠가는 것을 보노라면, 여백의 미가 넘치는 풍경화를 감상하는 것 같다. 투명한 바다에 잔지바르의 대표적인 향신료 '클로브(clove)' 향이 묻어나는 공기. 어느 새 복잡한 머리가 맑아지고 도시의 소음 가득했던 귀가 씻겨지는 것을 느낀다.

Location | 잔지바르는 동아프리카에 있는 탄자니아의 남동쪽에 자리한 섬으로, 우리나라에서 갈 때는 케냐 나이로비에서 비행기를 갈아타고 가는 것이 일반적이다. 육로로 갈 때는 다르에르살람에서 페리를 타고 들어간다.

Currency | 탄자니아 실링(Tsh)을 사용한다. 1달러 = 약 1127탄자니아 실링(Tsh).

Time difference | 우리나라보다 6시간 늦다.

Visa | 탄자니아에 들어갈 때 비자를 받아야 한다. 비용은 50달러. 탄자니아 비자를 받았다고 끝은 아니다. 잔지바르 섬이 탄자니아에 속해 있기는 하지만, 잔지바르에 들어갈 때 입국 심사를 다시 받아야 한다. 별도의 비자 비용은 필요 없지만, 입국 카드에 적은 체류 기간을 초과하면 벌금을 내야 할지도 모르니 주의해야 한다.

Tip | 스톤타운에는 예술가들이 많이 산다. 아프리카 냄새가 물씬 풍기는 그림 한 점 구입하는 것도 좋겠다. 스톤타운과 능위 비치에서는 다이빙 자격증을 딸 수 있는 다이빙숍도 많다. 관심이 있다면 여유 있게 해변을 즐기면서 다이빙 자격증을 따 보자. 일단 잔지바르에 가면 무료로 제공되는 여행 책자를 꼭 챙기자.

날씨 | 6월 말부터 10월까지 시원하고, 습도가 높지 않아 여행하기에 좋다. 12월 말부터 2~3월에 이르는 시기에는 날씨가 무척 덥고 4~5월은 장대비가, 11월에는 소나기가 내린다.

휴식과 여유 04
풍경화 속으로 들어가다,
베트남 하롱베이

날씨가 맑으면 맑은 대로, 구름이 있으면 있는 대로 좋다. 하롱베이에 가면 배 위에 앉은 신선이 되어 수려한 수묵화 속에 살짝 들어가 있는 것 같다.

하롱베이에 도착해서 짐을 풀 때까지는 이 정도로 편할 것이라고는 기대하지 못했다. 하롱베이가 베트남의 대표 관광지가 되면서부터 호텔들이 꽉꽉 들어찼고, 좁은 길은 장사하는 이들로 넘쳐나는 그저 그런 동남아의 관광지일 것이라고 생각했다.

그러나 일단 배를 타고 나가면 달라진다. 잔잔한 바다 위에 오밀조밀하게 솟아 있는 바위들 사이로 천천히 나아가면 어느 새 함께 출발했던 배들도, 분주했던 사람들도, 복잡한 생각들도 다 어디론가 자취를 감춘다. 낮게 드리워진 구름만큼이나 차분해진 마음으로 바다를 바라보면 시간도 마음도 물 속에서 유영하는 것만 같다.

하롱베이에 떠 있는 섬은 약 3,000여 개. 이곳에는 하늘에서 내려온 용이 입에서 보석과 구슬을 내뿜었는데, 그 보석과 구슬이 하롱베이에 떨어져 각양각색의 섬을 만들었다는 전설이 내려온다. 마주치는 섬들의 모양은 모두 개성이 넘친다. 코끼리 섬, 거북이 섬 등 동물 모양의 섬들부터 아치 모양의 섬, 테이블처럼 생긴 섬까지 이름도 사연도 제각각이다.

하롱베이의 미덕은 섬에만 있는 것이 아니다. 햇살을 받을 때마다 변하는 바다 빛에도 눈길을 던져 보자. 섬과 오묘한 조화를 이루면서 같은 곳이라도 각도에 따라 너무나 다른 풍경을 만나게 된다.

고즈넉한 풍경들을 바라보다 보면 편안함이 몰려와 스르르 눈이 감길지도 모른다. 그럴 때는 갑판 위에 편하게 누워서 하늘을 한번 바라보자. 상쾌한 바람이 코끝을 건드리며 나른함을 더해 준다. 그러다 잠이 든다 해도 누구 하나 뭐라 하거나 다그칠 일도 없다.

하롱베이를 즐기려면 유람선을 타야 한다. 가족이나 친구들과 함께 갔다면 배를 통째로 빌리는 것도 좋다. 마음에 드는 곳에서는 더 오래 머무르면서 하롱베이에서의 여유와 호사를 마음껏 누릴 수 있기 때문이다. 호텔이나 선착장에서 문의하면 되는데, 요금은 배와 사람 수, 대여 시간에 따라 달라진다.

배낭 여행자들에게는 하롱베이 배 위에서 1박 2일 또는 2박 3일을 보내는 프로그램이 인기다. 그야말로 배 위에서 여유만만한 시간을 보낼 수 있기 때문이다. 이런 유람선에는 침대가 딸려 있고 일광욕을 즐길 수 있는 편안한 의자도 갑판에 마련되어 있어서 빡빡한 일정의 여행자라도 하루 동안의 여유를 누리기에 충분하다.

하롱베이는 상상보다 그 규모가 커서 하루 종일 돌아본다고 해도 지극히 일부밖에 보지 못한다. 게다가 섬 중간 중간에는 신비로운 동굴들이 있어, 하루 만에 그다지 멀리 나가지도 못한다. 대신 하롱베이를 한눈에 시원하게 볼 수 있는 곳이 있다. 티톱섬에 가면 전망대가 있어 하롱베이를 통째로 감상할 수 있을 뿐만 아니라, 작은 모래사장이 있어 잠시 배에서 내려 머무르기에 좋다.

짧은 여행이건, 오래 머무르는 여행이건 편안함을 얻기 위해 하롱베이를 선택한다면, 누구라도 후회하지 않을 것이다.

Location | 하롱베이에 가기 위해서는 먼저 베트남의 수도 하노이에 가야 한다. 대한 항공과 아시아나 항공, 베트남 항공에서 직항편을 운항하고 있다.

Currency | 1달러 = 약 15700동(VND), 1000동(VND)=76원. 화폐 단위는 동(DONG)으로 동전은 없고 지폐만 있다. 은행이나 호텔에서 환전하는 것이 별 차이가 없다.

Time difference | 베트남은 한국보다 2시간 늦다. 한국이 정오 12시면 베트남은 오전 10시.

Visa | 2004년 7월 1일부터 단기 체류하는 한국인에게는 15일 동안 비자를 요구하지 않는다.

Tip | 하롱베이 여행은 하노이에서 하루 투어 프로그램을 이용해 갈 수도 있고, 하롱베이에서 직접 가서 투어에 참가할 수도 있다. 하노이에서 하롱베이에 하루로 다녀오는 1일 투어는 보트 트립과 입장료, 점심, 가이드비를 포함해서 20달러 수준. 배낭 여행자들이 추천하는 프로그램은 유람선에서 하루를 보내는 '하롱베이 온 보트' 투어. 색다른 경험을 할 수 있으며 가격은 20달러 내외. 하노이에 있는 배낭여행 전문 여행사를 통하면 쉽게 투어에 참여할 수 있다.

색다른 '쩡금 황금호텔' 투어,
브루나이 엠파이어 호텔

쉬고 싶을 때 가장 먼저 찾게 되는 것은 편안한 잠자리다. '잠이 보약'이라는 말처럼 아늑한 잠자리는 다음 날을 행복하게 만들어 준다. 언젠가부터 이런 이유로 이색적이고 편안한 잠자리를 테마로 한 여행을 추구하는 이들이 늘어나고 있다.

잠자리를 테마로 한 여행에서 언제나 가장 먼저 꼽히는 곳은 세계에 단 두 개밖에 없다는 칠성급 호텔, 두바이의 버즈 알 아랍과 브루나이의 엠파이어 호텔이다. 쌍벽을 이루고 있는 이 두 호텔 중에서도 엠파이어 호텔은 황금 궁전으로 불릴 만큼 화려함으로 유명하다.

왕실에 들어온 듯한 황홀함이 엠파이어 호텔의 가장 큰 특징이지만, 마치 태아가 되어 엄마 자궁 속에 들어간 것처럼 편안한 잠자리도 그에 못지않은 매력이다. 누구든 한번 엠파이어 호텔의 침대에 누워 본다면 어릴 적 엄마 품에 안긴 것처럼 포근한 그 느낌을 잊지 못할 것이다.

엠파이어 호텔이 있는 브루나이는 다소 생소한 나라다. 국민 소득이 2만 달러가 넘는 이 나라는 세금이나 교육비를 내지 않는 나라로 알려져 있다. 브루나이 만에서 나는 원유와 천연가스 등 풍요로운 자원들이 브루나이를 경제적인 걱정이 없는 나라로 만들었기 때문이다.

'브루나이'는 '평화가 깃든 살기 좋은 나라'라는 뜻으로, 브루나이에서 만나는 사람들은 놀라우리만큼 평안이 가득한 얼굴에 미소를 듬뿍 담아 보낸다. 그들의 미소 때문인지 황금 궁전 같은 엠파이어 호텔의 화려함도 거부감이 들지 않는다.

엠파이어 호텔에 들어가면 먼저 호텔 본관인 아트리움을 치장하고 있는 황금빛 장식에 압도된다. 대리석이 깔린 바닥에는 아라베스크 무늬가 반짝거리고 순백색 기둥에는 황금 장식이 더없이 우아하게 펼쳐 있다. 천정은 고개를 90도 뒤로 젖혀야 볼 수 있을 정도로 높고, 그 위를 꽉 채우는 샹들리에 역시 화려함의 극치를 보여 준다.

바다를 바라보며 수영을 즐기기 위해 수영장을 찾았더니, 수영장이 한두 곳이 아니다. 야자수가 빙 둘러 있는 메인 풀을 비롯해서 자쿠지에서 수중 안마를 받을 수 있는 풀, 미끄럼틀을 갖춘 어린이용 풀장과 흰 눈보다 더 하얀 모래가 덮여 있는 인공 해수 풀, 실내 풀 등 기호에 맞게 선택할 수 있어, '보통 호텔이 아니구나' 하는 생각이 다시 한 번 든다.

풀장뿐인가 내부에는 극장과 공연장, 스포츠 센터, 쇼핑가, 비즈니스 센터, 잭 니클라우스가 설계한 18홀 골프장이 마련되어 있어 웬만한 레저와 문화는 안에서 모두 해결한다. 특히 스파는 찌든 때와 피곤을 확 날려버릴 수 있는 최고의 프로그램으로, 초콜릿 스파부터 오리엔탈 스파까지 다양하게 마련돼 있다.

모든 시설들이 만족스럽지만, 그래도 역시 엠파이어 호텔의 가장 큰 매력은 객실에 있다. 방에 들어가서 가장 먼저 만나는 웰컴 쿠키와 커피에서는 정성이 묻어 있다. 모든 객실은 일반 호텔의 디럭스급 이상이라 공간도 꽤 넓고, 모든 객실에는 발코니가 마련돼 있어 방 안에서 망중한을 즐길 수도 있다.

흠잡을 데 없는 시설에 따뜻한 스텝들의 마음까지, 2박 3일이든, 3박 4일이든 짧은 시간 동안 최고의 휴식을 취하고자 하는 사람이라면 언젠가는 가봐야 할 곳이다.

Location | 방콕이나 싱가포르, 쿠알라룸푸르 등을 경유해서 갈 수 있다. 경유하는 시간을 포함해서 비행 시간은 약 8~9시간. 말레이시아 항공을 이용, 코타키나발루를 거쳐 브루나이로 들어가는 방법도 있다.

Currency | 1BND(브루나이 링귓) = 641.33원

Time difference | 한국과 1시간 차이가 난다. 한국의 정오는 브루나이에서 오전 11시.

Visa | 30일 간 비자 없이 머무를 수 있다.

브루나이 | http://www.brunei.or.kr/

Tip | 브루나이에서는 사람을 가리킬 때 손가락을 사용해서는 안 된다. 오른손 주먹을 쥐고 엄지손가락을 위로 향하게 해야 한다. 1991년 주류에 대한 판매가 금지되면서부터 브루나이에서는 술을 찾을 수 없다. 대신 들어갈 때 1인당 술 2병은 가지고 들어갈 수 있다. 브루나이에는 아름다운 이슬람 사원들이 많다. 반바지나 슬리퍼 차림의 옷은 피하고 긴 팔이나 스커트를 입고 들어가자.

엠파이어 호텔에는 슈페리어, 디럭스, 스위트룸을 비롯해 별도 공간인 빌라 등 다양한 형태의 방이 있다. 국내에서는 모드투어를 통해 엠파이어 호텔에 예약할 수 있다. 항공료와 숙박비가 부담이 되면 상품을 이용하는 것도 좋은 방법이다. 엠파이어 호텔 숙박을 포함한 5~6일 브루나이 상품이 100만~150만 원 정도.

휴식과 여유 06
가격대비 최고 만족,
말레이시아 쿠알라룸푸르

말레이시아 수도 쿠알라룸푸르(Kuala Lumpur)는 부담 없는 가격으로 최고의 서비스를 받을 수 있는 여행지다. **쿠알라룸푸르의 이미지는 싱가포르와 닮아서 깔끔하다.** 게다가 시내 중심가에는 메리어트, 만다린 오리엔탈, 샹그릴라 등 세계적인 호텔들이 즐비하다. 국내 호텔 가격의 3분의 1 정도면, 별 5개 호텔에서 편안하게 쉴 수 있다. 싸고 좋은 호텔에서 아시아의 다양한 문화를 한 자리에서 만날 수 있는 말레이시아.

말레이시아 여행의 출발은 최대 번화가 부킷 빈탕(Bukit bintang) 거리다. 스타벅스 노천 카페에 까만 차도르(이슬람 여성이 얼굴을 가리기 위해 쓰는 망토)를 쓴 아가씨들이 커피를 마시며 담소를 나누고 있다. 스타벅스와 이슬람 여인이 어울리지 않을 듯 잘 어울린다. 말레이시아는 60%에 달하는 말레이계 사람들을 비롯해 중국계 30%, 인도 파키스탄계 9%, 기타 민족 1% 등으로 구성돼 있다. 언어도 말레이어를 공용어로 쓰고 있지만, 영어와 중국어, 타밀어도 폭넓게 쓰인다. 이런 여러 문화가 혼합된 까닭에 우스갯소리로 말레이시아를 '믹스드 샐러드' 라고 표현하기도 한다.

말레이시아 사람들은 민족에 따라 서로 다른 분위기를 풍기지만 깍듯한 매너만큼은 공통적이다. 말레이시아가 영국 식민지 시대를 거치면서 신사도 정신이 몸에 배었기 때문이라고 한다. 쿠알라룸푸르에는 아직도 당시에 지어졌던 영국식 건물들이 많이 남아 있다. 게다가 쿠알라룸푸르에서 2시간 떨어진 고도(古都), 말라카에 가면 더욱 진한 유럽 분위기를 느낄 수 있다. 그곳에는 울긋불긋한 건축물들과 포르투갈계 정착촌이 있어, 이곳이 동남아인지 유럽인지 헷갈리게 만든다.

말레이시아의 여러 문화가 녹아 있는 쿠알라룸푸르의 매력은 밤에 더욱 드러난다. 낮에는 더워서 길거리에 다니는 사람을 찾아보기 힘들 정도라 밤이 되어야 거리가 활기를 띠기 때문이다. 노천식당에서 가족끼리 친구끼리 삼삼오오 모여 맥주를 마시거나 해산물 요리를 먹는 모습은 너무나 익숙하다. 젊은이들은 11시가 넘으면 라이브 카페나 나이트 클럽으로 모여든다.

쿠알라룸푸르의 랜드마크인 페트로나스 트윈타워(Petronas Twin Towers)도 밤이 되면 더욱 빛을 발한다. 낮에는 볼 수 없었던 하얀 조명이 쿠알라룸푸르 시내를 신비롭게 비추고 있다. 세계적으로 유명한 건축가 시저 펠리가 디자인한 트윈타워는 옥상의 탑신을 포함할 경우 높이가 452m로, 현재 세계에서 세 번

째로 높은 빌딩으로 알려져 있다. 한쪽 빌딩과 두 빌딩을 잇는 다리를 국내 업체에서 건설해, 국내 건설의 기술을 세계에 알린 건물이기도 하다.

주말이라면 역사적으로 유명한 메르데카 광장(Dataran Merdeka)과 현재 대법원으로 쓰이고 있는 술탄 압둘 사마드 빌딩(Sultan Abdul Samad Buiding), 국립 역사 박물관을 놓치면 안 된다. 주말 저녁에만 특별히 차량 진입을 막고 대법원을 비롯한 건물의 아름다운 실루엣을 감상하게 만들어 놨기 때문이다. 여행자들뿐만 아니라 말레이시아 현지인들에게도 즐겨 찾는 데이트 장소다.

쇼핑을 좋아한다면 유명 상점들이 들어서 있는 부킷 빈탕 거리와 잘란 암팡 거리를 돌아보자. 특히 일 년에 세 번 있는 메가 세일 기간을 이용하면, 더욱 저렴하게 예쁜 옷들을 챙길 수 있다.

첨단 도시의 인프라와 편리한 문명의 이기, 아시아 곳곳의 전통이 모여 또 다른 독특한 문화를 만들어 내는 쿠알라룸푸르, 부담스럽지 않은 물가 덕에 더욱 만족스러운 휴식을 취할 수 있는 다양한 문화가 공존하는 도시다.

Location | 대한 항공과 말레이시아 항공에서 인천~쿠알라룸푸르 구간 직항편을 운항한다. 비행 시간은 약 6시간 15분.

Currency | 1RM(링컷) = 298.09원

Time difference | 한국과 1시간 차이가 난다. 한국의 정오는 말레이시아의 오전 11시.

Visa | 입국일로부터 90일 간 비자 없이 체류 가능.

말레이시아 관광청 | http://www.mtpb.co.kr/

Tip | 잔돈을 많이 바꿔 다니자. 쇼핑할 때나 택시를 탔을 때 100링컷짜리를 내고 나서 잔돈을 못 받는 경우가 가끔 있다.

말레이시아는 1년 내내 다양한 행사가 열린다. 이 중에서 영국에서 독립한 것을 기념하는 메르데카 데이 때는 말레이시아 전역에서 축제가 열린다. 메르데카 데이는 8월 31일.

쿠알라룸푸르는 쇼핑 목적지로도 급부상하고 있다. 특히 6~9월 중에 메가 세일을 하는 쇼핑 시즌이 있어 쇼핑을 위한 여행을 생각한다면 일정을 미리 체크하는 것이 좋다. 참고 사이트 http://www.mymegasale.com/

똑딱이로 DSLR 못지않게 사진 찍는 8가지 방법

여행을 통해 소중한 추억의 결정적 증거이자 기억의 근거는 바로 사진이다. 여행을 떠날 때 가장 먼저 챙기는 것이 카메라. 여행을 할 때는 무겁고 덩치 큰 카메라보다 작고 손쉬운 촬영이 가능한 일명 '똑딱이'라 불리는 콤팩트 카메라를 많이 가지고 간다. 작고 단순하다고 무시하지 말자. 몇 가지 원칙만 알고 가면 현재보다 훨씬 더 좋은 이미지를 담을 수 있다.

1. 정보 수집이 우선!
무엇을 찍을 것인지 미리 알고 가자

사전에 여행지가 무엇으로 유명한지 알고 가는 것이 중요하다. 예를 들어 산토리니는 파란 하늘과 흰색의 집이며, 듄은 서서히 지는 일몰이 멋지다. 이런 특징들이 사진을 더욱 빛내 준다.

2. 다른 사람들의
블로그들을 보며 촬영 포인트를 배우자

어디서 촬영했는지도 중요하다. 미리 많은 자료들을 보며 그 위치를 찾아가는 것이다. 왜냐하면 멋진 촬영 포인트는 그 여행지를 가장 돋보이게 하는 사진을 얻을 수 있게 해 주기 때문이다.

3. 가로와 세로, 여러 번 찍어라

높이 솟은 건물이나 숲은 세로 프레임이 어울리는 반면, 바다나 호수의 경우 가로 프레임이
적당하다. 한 장소에서 한 장의 사진만 찍기보다는 여러 장을 찍는 것이 좋은 사진을 만들
수 있는 방법 중 하나다.

4. 나무나 건물에 기대어 셔터를 눌러라

삼각대? 손각대? 여행을 떠나기 전에 삼각대를 챙길까 말
까는 언제나 고민이다. 삼각대를 들고 가지 못한다
면, 카메라를 고정할 수 있는 나무에 기대거나 바위
나 난간 등에 받쳐 놓고 촬영해 흔들리는 것을 최소화
해 줘야 한다. 귀찮더라도 야경을 찍을 때는 ISO를 높
여 주고 셔터를 누를 때는 잠시 숨을 참아 보자.

5. 노출 보정을 적극 활용하자

카메라 모드를 자동으로 놓고 촬영하면 흰색은 옅은 회색
으로 나온다. 이것은 카메라의 노출 기능이 흰색을 흰색으
로, 검은색을 검게 표현하지 못하기 때문이다. 따라서 실제
보다 더 밝게 하려면 '+' 기능으로 노출을 보정해 주고 어둡
게 하려면 '-'로 보정한 후 촬영한다.

6. '필' 꽂히는 대로 재미있고 자유롭게

셀프 촬영은 장소적 특징을 가지고 있는 배
경과 같이 촬영하거나 같은 포즈로 담는 것
이 좋다. 예를 들어 미술관 앞에서 티켓을
든 나, 또는 큰 흔들바위에 등을 살짝 대고
무거워하는 나의 모습 등은 재미있는 사진일
뿐만 아니라 장소의 특징과 규모를 알 수 있
게 해 준다. 즉 한 번의 재미있는 추억이 사진
한 장으로 새록새록 떠오르게 된다.

7. 3분할 구도와 9:1 법칙

3분할 구도는 촬영 화면을 가로로 3등분 한 다음 촬영하는 것으로, 예를 들어 전경, 중경, 후경을 임의로 3등분된 화면에 배치
해 촬영하는 것이다. 그리고 9:1 법칙은 주제를 자르지 말고 최소한 화면의 9:1 지점에 들어오게 하는 것으로 사진을 찍을 때
꼭 염두에 두자.

8. 인물 사진은 시선을 여유 있게 둔다

인물 사진은 되도록 인물의 시선 방향을 많이 남겨 둔다. 풍경과 인물을 같이 촬영하려면 최대 광각으로 세팅한 후 인물을 가까이에 놓고 촬영하는 것이 둘 다 살려 주는 방법이다.

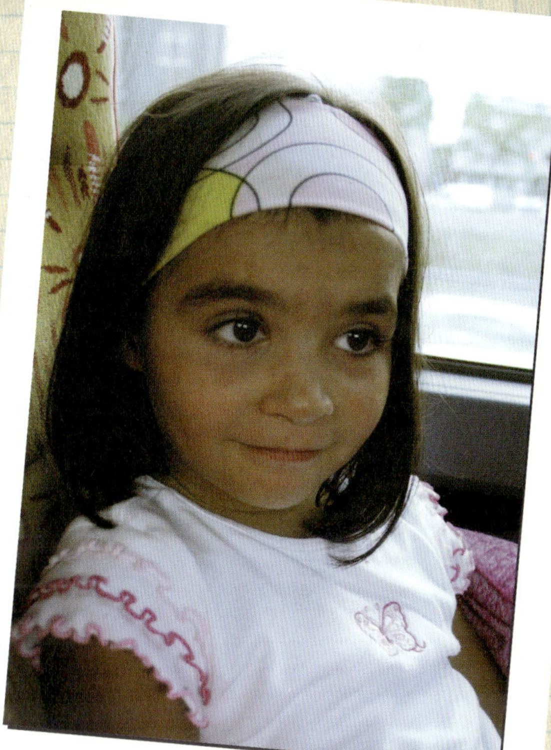

mysteries and all knowledge
and can fathom all mysteries and all knowledge
move mountains but have not love I am nothing
have the gift of prophecy and can fathom all mys
poor and surrender my body to the flames
have a faith that can move mountains but ha
give love is patient love is kind
possess to the poor and surrender my
have not love I gain nothing love is patient to
it is not easily angered
it does not envy it does not boast It is not proud
It is not rude it is not self seeking It is not easily

PART 4 내 맘대로 떠나는 세계 테마여행

테마여행 01
가우디를 찾아 떠나는 상상여행,
스페인 바르셀로나

바르셀로나에 가면 그에게 반하게 된다. 한 인간으로 보자면 넘쳐나는 상상력에 질투심이 타오르고 한 예술가라 생각하면 존경심이 절로 드는 세계적인 건축가, 안토니오 가우디. 바르셀로나를 여행하는 것은 가우디의 상상력을 쫓아다니는 여행이라고 해도 과언이 아니다.

바르셀로나와 주변 도시에 가우디의 건축 작품 12점 중 9개가 집중돼 있을 정도다. 이 중에서도 그의 대표작 사그라다 파밀리아를 비롯해 카사밀라, 구엘공원은 가우디를 테마로 바르셀로나를 여행하는 이들의 필수 코스다.

바르셀로나에 발을 딛는 누구라도 가우디의 작품을 한번만 보면, 바르셀로나로 여행오기를 잘했다는 생각을 하게 된다. 그 어느 곳에서도 볼 수 없는 독창적이기 이를 데 없는 파격적인 건축물들 때문이다.

그의 작품들을 보고 있노라면 몇 가지 공통점을 발견하게 된다. 천진난만한 아이들의 작품을 보는 듯한 느낌이라고나 할까. 꽃과 나무와 풀과 산을 사랑했던, 자연이야말로 나의 스승이라고 말했던 가우디의 기본 생각이 작품 곳곳에 깔려 있다.

가우디의 철학을 집약해서 엿볼 수 있는 곳은 성가족 성당, 사그라다 파밀리아(Sagrada Familla)다. 성당 앞에 서면 그 규모에 놀라게 되고 성당 안으로 들어가면 그 상상력에 다시 한 번 눈을 크게 뜨게 된다. 기하학적인 구조와 울퉁불퉁한 표면, 놀이공원에나 어울릴 것 같은 원색의 기둥은 성당에 대한 고정관념을 깬다. 옥수수처럼 생긴 성당의 4개의 큰 기둥은 4대 복음 성인인 마태, 마가, 누가, 요한을 나타내고, 12개의 종탑은 12사도를 상징하고 있다. 1982년 만들기 시작해 지금까지도 공사 중인 사그라다 파밀리아. 거대한 기중기가 눈에 거슬리기는 하지만, 아침부터 긴 줄이 늘어설 정도로 높은 인기를 구가하고 있다.

카사밀라는 가우디의 파격이 가장 돋보이는 작품으로 인정받는 건물이다. '산'을 주제로 만들었다는 카사밀라는 벌집처럼 보이기도 하고 바다의 격렬한 파도처럼 보이기도 한다. 카사밀라는 건물을 보는 이에 따라, 보는 시간에 따라 시시각각 다른 모습을 보여 주는 요술단지다.

바르셀로나 시민들은 카사밀라를 돌집이라고 부르는데, 유네스코가 지정한 세계문화유산이지만 내부에는 지금도 사람들이 살고 있다.

가우디의 천재성을 세상에 알린 에우세비오 구엘 남작의 이름을 딴 구엘공원은 가우디의 다양한 미적 감각을 엿볼 수 있는 곳이다. 가우디는 꾸준히 자연과 사물을 관찰, 여기에서 얻은 영감을 건축물에 불어넣곤 했는데, 구엘 공원에는 그가 지중해에 살면서 지켜본 여러 풍경들이 녹아 있다.

파도가 떠오르는 유선형의 벤치하며 공원 입구에 떡 하니 앉아 있는 지하수의 수호신 퓨톤, 아랍풍의 모자이크 타일, 돌로 쌓은 돌기둥 집, 동화 『헨젤과 그레텔』에 나오는 과자의 집을 모델로 만들었다는 물결 모양의 집까지, 그야말로 가우디다운 공원이다.

재미있는 퍼포먼스가 펼쳐지는 거리 람블라스, 몬주익 언덕 위의 갤러리들, 감각 넘치는 패션 매장, 걷기 좋은 고딕 지구까지 바르셀로나를 빛나게 하는 것들은 많지만, 역시 여행을 마치고 돌아서면 왜 바르셀로나를 가우디의 도시라고 하는지 새삼 느끼게 된다.

Location | 대한 항공 마드리드 직항을 이용해 마드리드에 간 후, 버스나 국내선으로 이동할 수 있다. 또 런던, 파리, 프랑크푸르트에서 이베리아 항공으로 갈아타고 들어갈 수 있다.

Currency | 1유로(EUR) = 1385.94원

Time difference | 한국과의 시차는 8시간. 여름(3월 마지막 일요일~9월 마지막 일요일)에는 서머 타임 적용으로 1시간 시차가 줄어든다.

Visa | 3개월까지 비자 없이 체류할 수 있다.

Tip | 사그라다 파밀리아를 보려면 일찍 서둘러야 한다. 언제나 사람이 많다. 카사밀라 1층에는 멋진 디자인의 기념품과 예술 서적들이 판매되고 있어 구경하는 것만으로도 즐겁다.

별똥별을 세다 지쳐 잠들다, 요르단 와디럼 사막투어

"사막은 아름다워. 사막이 아름다운 건 어디엔가 우물이 숨어 있기 때문이야. 눈으로는 찾을 수 없어. 마음으로 찾아야 해."

— 생텍쥐페리의 『어린 왕자』 중에서

한가운데 서 있으면 어린 왕자가 떠오르는 곳이 있다. 세계에서 가장 매력적인 사막으로 꼽히는 요르단의 와디럼 사막이 그곳이다. 붉은 빛이 오묘하게 감도는 와디럼에 서 있으면 시간이 멈춰 버린 듯한 착각에 빠진다. 공간 이탈을 한 듯, 세상 한조각에 서 있는 것이 맞는지, 어딘가로 공간 이동을 한 것인지 고개를 가우뚱하게 만드는 그곳이 바로 와디럼이다.

와디럼은 요르단의 고대도시 '페트라' 와 함께 요르단을 대표하는 스타 여행지로 페트라에서 차를 타고 남쪽으로 1시간 반 정도 가면 나타난다. 사막이라는 뜻을 가진 '와디' 와 럼주같이 붉다는 의미의 '럼' 이 합쳐진 이름만큼이나, 붉디붉은 사막이 끝없이 펼쳐 있다. 그리고 그 사막 위에는 웅장한 바위산들이 와디럼의 멋을 더한다.

와디럼은 영화 '아라비아의 로렌스'의 실존 인물인 로렌스 장군이 활약했던 곳으로, 그가 쓴 『지혜의 일곱 기둥(The Seven Pillars of Wisdom)』의 제목을 딴 바위와, 그의 이름을 붙인 '로렌스의 샘' 등 그를 기리는 곳들이 사막 구석구석에 남아 있다.

와디럼에서의 발은 사륜구동인 지프다. 베두인 가이드가 운전을 하면서 사막 곳곳에 얽힌 이야기를 실타래처럼 풀어 낸다. 그들의 이야기를 듣다 보면 삶의 방식과 베두인에 대한 자부심이 대단하다는 것을 느끼게 된다.

모래바람을 가르며 광활한 사막의 아름다움에 취해 달리다 보면, 이보다 더 로맨틱한 곳이 또 있을까 하는 생각을 갖게 된다. 베두인 가이드는 사막을 한참 달리다, 사방 어느 곳에서도 아무도 나타나지 않을 사막 한가운데 차를 세워 준다. 그러면 그곳에서 영원의 시간 속에 빠져 찬찬히 사막을 더듬는다. 힘들었던 일들은 모두 모래 바람에 씻어 버리고, 슬펐던 기억들은 붉은 모래에 묻는다. 찬란한 태양 아래서 한참 동안 시간을 보낸 후에는 마치 세례라도 받은 기분으로 다시 지프에 오른다. 거대한 사암 바위들과 협곡들, 모래 언덕, 끝없는 사막에 빠져 있다 보면 생에 대한 감사가 절로 나온다.

와디럼에서 재미있는 것 중 한 가지는 특이하게 생긴 바위다리를 둘러보는 것이다. 와닥 바위다리(Wadak Rock Bridge)는 다리보다도 다리 위에 올라갔을 때 더 큰 즐거움을 선사한다. 시원한 주변 풍경을 볼 수 있기 때문이다. 부르다 바위다리(Brudah Rock Bridge)는 와디럼에서 가장 규모가 큰 다리다.

해가 뉘엿뉘엿 넘어갈 때, 그때가 와디럼에서 가장 황홀한 시간이다. 바위산에 올라가 자연이 만들어낸 작품을 바라보고 있노라면 무아지경에 빠지게 된다. 바위산 위로 서서히 붉은 기운이 물러나고 달과 함께 짙푸른 하늘이 몰려온다. 이것이 끝이 아니다. 밤이 내리면 바위산 밑에 있는 베두인 캠프에서는 조촐한 파티가 펼쳐진다. 베두인들의 음식과 차를 함께 나누며, 흥겨운 저녁 시간을 보낸다. 연주가 서툴기는 하지만 베두인의 음악을 듣는 것도 재미있는 추억 중 하나다. 와디럼 사막 여행의 클라이맥스는 파티가 끝난 후다. 모든 불빛이 꺼지고 나면 흥겨움에 밀려 눈길을 보내지 못했던 하늘의 장관이 마음을 사로잡는다. 얼마나 많은 별들이 초롱초롱 하늘에 박혀 있는지. 사막에서의 하룻밤은 그 별들을 만나는 시간이다. 모래 위에 매트리스 한 장 깔아놓고 별을 세다 보면 유성이 떨어지는 장관을 보게 된다. 그때의 그 경이로움은 와디럼 사막의 황홀함만큼이나 가슴 속에 진하게 남을 것이다.

Location | 직항편은 없다. 두바이나 방콕을 경유하는 것이 좋다. 두바이를 경유할 경우에는 아랍에미레이트 항공을, 방콕을 경유할 경우에는 요르단 항공을 이용할 수 있으며, 카타르 항공을 이용해 도하를 경유하거나 루프트한자를 이용해 프랑크푸르트를 경유해 요르단의 수도 암만으로 들어갈 수 있다. 와디럼 사막 투어를 하기 위해서는 페트라 입구에 있는 도시인 와디무사로 먼저 이동해야 하며, 와디무사에서 여행사를 통해 사막 투어를 신청하면 된다.

Currency | 1달러 = 0.7JD(디자르)

Time difference | 서울보다 7시간 늦다.

Visa | 암만 국제 공항이나 국경에서 바로 발급받을 수 있다. 비자 수수료는 10디나르로 30일 간 체류가 가능하다.

테마여행 03
'작품에 빠지다' 갤러리 투어,
미국 뉴욕

"뉴욕을 여행하는 데 시간이 얼마나 필요해요?"라는 질문은 곤란하다. 깔수록 새로워지는 양파처럼 뉴욕을 아는 이라면 그저 "길수록 좋아"라는 대답밖에 할 수 없기 때문이다. 만약 짧은 일정으로 뉴욕을 찾는다면 뉴욕 한복판에서 그저 발길 닿는 대로 걷거나, 원하는 곳 하나만 콕 짚어서 그곳을 중심으로 여행하는 방법, 둘 중 하나를 선택하는 것이 낫다. 한 번에 뉴욕을 모두 보겠다는 욕심은 처음부터 접는 편이 좋다.

뉴욕에서 꿈을 먹는 이들이 모인 곳을 꼽으라면 젊음의 거리인 그리니치 빌리지와 이스트 빌리지, 소호를 꼽을 수 있다. 길거리에는 멋진 카페들이 늘어서 있고 아기자기한 숍에는 직접 손으로 만든 개성 넘치는 작품들이 가득하다. 밤이 되면 부근에 있는 '블루 노트'나 '빌리지 뱅가드'에 들러 재즈에도 흠뻑 젖어 봐야 한다. 또 하루 정도 시간을 내서 아늑한 중고책 서점인 '하우징웍스 유즈드 북카페'에서 커피와 함께 오래된 책 향기에 빠지는 것도 좋다. 소호의 세련됨이 조금 얄밉게 느껴진다면 첼시로 발길을 옮겨 보자. 첼시는 소호와 미드타운의 땅값이 갑자기 오르면서 갤러리들이 다시 둥지를 튼 곳인데, 지금은 뉴욕 최고의 갤러리 거리가 되었다. 갤러리와 함께 클럽이나 바, 레스토랑 등도 하루가 다르게 늘어 가고 있는, 뉴욕에서도 가장 주목받는 곳이다.

TRANSIT/USUK/FR ZONES AUTHORIZED

The Museum of Modern Art

좀더 파격적인 분위기를 원한다면 브루클린의 윌리엄스버그로 가 보는 것은 어떨까. 1930년대 이후 동유럽이나 남미에서 몰려든 이민자들이 자리잡은 곳으로, 특유의 자유로운 분위기 때문에 예술가들이 몰려 있는 곳이다. 대부분의 상점은 허름한 클럽과 빈티지 숍이지만 이곳이 특별한 이유는 바로 그래피티 때문이다. 길거리마다 만나는 공장이나 슈퍼마켓의 벽들이 모두 예술이다. 맨해튼에서 단 한 정거장 거리에 있다는 지리적인 이점도 윌리엄스버그로 발길을 이끈다.

열정이 넘치는 젊음의 거리들을 돌아본 후에는 5번가(5th 애비뉴) 부근에 있는 뉴욕현대미술관 'MoMA'나 구겐하임에서 여유로운 하루를 보내자. 명품을 좋아한다면 숍들이 모여 있는 5번가를 따라 내려오면서 쇼핑을 하자. 자연스럽게 마지막엔 록펠러 센터로 흘러간다. 특히 겨울이라면 뉴욕의 4대 명물 중 최고로 꼽히는 대형 야외 트리를 놓치면 안 된다. 그곳에서는 혼자라도 외롭지 않다. 뉴욕에서는 혼자라서 더욱 행복한 곳들이 너무 많으니까.

뉴욕 여행의 마무리는 42번가 뉴욕 공공 도서관 뒤뜰인 브라이언트 파크에서 하면 어떨까. 빌딩숲에 쌓여 있는 공원이라, 브라이언트 파크는 사막의 오아시스 같다. 긴장감을 살짝 미뤄 둔 행복감이라고나 할까. 11월이 되면 뉴욕 유일무이의 무료 아이스 링크로 변신하며, 여름에는 매주 월요일 밤 공짜로 영화를 볼 수 있다.

Location | 아시아나 항공과 대한 항공이 뉴욕까지 직항을 운행하고 있다. 소요 시간은 13시간 50분.

Currency | 1달러(USD) = 1049.85원

Time difference | 한국보다 14시간 늦다.

Visa | 서울에서 비자를 받아야 한다.

Tip | 뉴욕을 여행하기 가장 좋은 계절은 봄과 가을. 예술가들의 거리, 첼시에는 22가부터 25가까지 갤러리들이 집중적으로 모여 있다. 이 중에서도 가고시안 갤러리와 METRO 갤러리, 매튜 마크스 갤러리 등이 유명세를 떨치고 있는 갤러리들. 첼시를 찾을 때는 랜드마크인 '꼼므 데 가르송' 매장을 먼저 찾자.
쇼핑을 원한다면 10월 말~11월 초에 여행을 계획하자. 추수감사절과 크리스마스 등을 앞두고 세일을 시작하는 백화점과 쇼핑몰들이 많다.

If I have the gift of prophecy and can fathom all mysteries
and if I have a faith that can move mountains but have not
If I give all I possess to the poor and surrender my body
ut have not love I gain nothing love is patient love is ki
It does not envy it does not boast It is not proud
It is not rude it is not self seeking It is not easily anger

Thailand

여자끼리 떠나는 1박2일 트레킹,
태국 빠이

땀조차 상쾌함으로 온 몸을 적셔줄 것 같은 트레킹. 트레킹은 빌딩 숲 속에 갇혀 있는 도시인들에게 원시적인 휴식을 주는 여행이다. 적당한 높이의 산을 오르며 원시림에서 스트레스와 땀을 모두 날려 버릴 수 있는 곳이 국내 여행자들에게도 트레킹 1번지로 사랑받는 곳이 태국의 북부지역이다.

태국은 많은 여행자들에게 친숙한 나라. 특히 북부 치앙마이는 고즈넉한 분위기 때문에 마니아층이 두터운 지역이다. 이 부근의 산들은 높지 않아 편안하고 산 굽이굽이에 태국의 여러 부족들이 살고 있어 다양한 문화를 체험할 수도 있다. 물론 트레킹을 위한 원시림도 훌륭하게 갖춰져 있다.

트레킹으로는 치앙마이가 가장 유명하지만, 좀더 조용한 곳을 원한다면 치앙마이에서 버스로 4시간 거리에 있는 시골마을 빠이(Pai)를 추천한다. 빠이는 치앙마이보다 더 아늑하고 아담한 마을로 마냥 눌러 살고 싶은 곳이다. 이곳에서 1박 2일이나 2박 3일의 트레킹을 즐긴 후 남은 시간을 여유 있게 보내며 일주일 휴가를 마무리한다면 완벽한 휴가가 될 것이다.

가이드를 따라 트레킹을 하다 보면 물웅덩이들이 나타난다. 이어지는 외나무다리에서는 발을 헛디뎌 바닥으로 떨어지는 사고가 발생할 수도 있다. 출발부터 겁을 먹을 필요는 없다. 능숙한 가이드는 여행자들에게 나무 지팡이를 만들어 주며 안심시킬 것이다. 조금 더 걷다 보면 언제 두려워했냐는 듯이 나도 모르게 초록빛 원시림에 마음을 다 놓게 된다.

여행자들은 시나브로 노래를 불러 대며 개구쟁이 아이로 변신한다. 새소리와 물소리를 배경 음악으로 즐거운 명랑만화가 그려진다. 그런 와중에 나도 모르게 얼굴에는 싱싱한 땀이 비 오듯 쏟아진다.

가이드는 길을 만들기 위해 칼을 들고 앞에 있는 수풀과 나무를 자르며, 앞으로 헤쳐 나간다. 키를 훌쩍 넘은 수풀 사이를 지나다 보면 내가 마치 이 자연의 일부가 된 느낌이다. 나뭇잎을 만지다가 가시에 찔리기도 하고 진흙에 미끄러져 바지가 온통 흙투성이지만 기분만은 더없이 상쾌하다.

고구려 유민의 후예라는 라후족 마을에 도착하면, 태국 사람들보다 우리네와 더 닮은 사람들을 만나게 된다. 집안에서 아궁이를 쓰는 것도 우리와 닮았다. 잠시 조용한 기류가 흐르며 탐색하는 시간이 흐른 후, 누군가 손을 내밀면 여행자들과 라후족 주민들은 오랫동안 만나온 친구처럼 그렇게 미소를 던진다.

특별한 고산족 마을에서의 하룻밤. 대나무로 만든 오두막을 촛불로 밝히고 옹기종기 모여, 서로의 이야기를 나누며 아름다운 산 속에서의 밤을 보낸다. 전기가 없는 그곳에서 어스름해지는 산을 보면, 마치 이곳이 시골 집인 것처럼 마음이 따뜻해진다. 비록 비도 샐 것 같고, 바닥에서는 닭이 울고 있지만 특급 호텔이 부럽지 않다.

Location | 대한 항공과 아시아나, 타이 항공 등 여러 항공사에서 방콕까지 직항 노선을 운항하고 있다. 약 4시간 걸린다. 태국 방콕에서 치앙마이까지는 국내선 비행기로 약 1시간 정도 가야 하며, 빠이는 치앙마이에서 버스로 4시간정도 들어가면 된다.

Currency | 화폐 단위는 바트(BAT). 1바트 = 33.14원.

Time difference | 한국보다 2시간 늦다.

Visa | 90일 간 무비자 체류가 가능하다.

Tip | 트레킹 비용은 여행사마다 다소 차이가 있다. 1000~2000바트 사이. 준비물은 간단한 구급약과 긴 양말, 운동화, 휴지, 손전등, 슬리퍼, 우비 등이다. 우비는 선택 사항이지만, 여름에는 비가 오는 경우가 많으니 챙기는 것이 좋다. 빠이에는 저렴하고 아름다운 숙소가 많은데 그 중에서도 림빠이 코티지(www.rimpaicottage.com)를 추천할 만하다. 강이 바라보이는 곳에 있어 전망도 좋고 오래된 통나무로 만들어진 숙소가 무척 편안하다.

트레킹 중에 비가 내리면 발걸음이 무거워진다. 진흙이 신발에 붙고 허리까지 오는 강을 건너는 일도 많다. 거머리 때문에 '담배 주스(tabacco juice)' 라는 즉석 거머리 약을 시도 때도 없이 발에 바르며 행군을 계속 한다. 거머리가 아무리 달라붙어도 때 묻지 않은 자연 속에 있다는 사실만으로도 충분히 참을 수 있다.

1박 2일, 길지 않은 시간이지만 순간순간 행복을 느끼기에 충분하다. 제대로 씻지도 못하고 비에 젖은 채 산행을 하느라 발가락이 퉁퉁 부어 있지만, 어느 새 도시에서의 무채색 마음이 투명하게 변하는 것이 느껴 진다.

테마여행 05
사막 위의 호텔 파라다이스,
미국 라스베이거스
TAO
NIGHTCLUB
RELIGIOUS
NIGHTLIFE

ⓒ 라스베이거스 관광청

ⓒ 라스베이거스 관광청

라스베이거스는 카멜레온이다. 눈 깜짝할 사이 초호화 호텔이 들어서고 자고 나면 엔터테인먼트 스팟이 하나씩 늘어난다.

라스베이거스는 도박의 도시에서 컨벤션의 도시로, 그리고 화려한 쇼의 도시로 변신에 변신을 거듭하고 있다. 화산처럼 끊임없이 뿜어져 나오는 열정이 라스베이거스를 지구상에서 가장 화려하고 변화무쌍한 도시로 만들어 준다.

'사막 위의 오아시스'라고 불리는 라스베이거스에서는 온 지구를 한 자리에서 만나 볼 수 있다. 스트립을 중심으로 양쪽에 줄지어 서 있는 세계 유명 건축물들을 모방한 호텔들을 돌아보는 것만으로도 세계 일주를 한 것 같은 기분이 든다.

그렇게 라스베이거스 여행은 호텔을 돌아다니는 것으로 시작된다. 이곳의 호텔은 우리가 생각하는 '잠을 자는 곳'이라는 호텔의 의미를 무색케 한다. 모든 호텔이 나름의 주제를 가진 테마파크이며 꿈꾸는 대로 완성한 환상의 오아시스다. 재미뿐인가. 수영장과 쇼핑가, 카지노, 그리고 화려한 쇼가 21세기 오아시스를 꽉꽉 채우고 있다.

뿐만 아니라 격조 높은 예술 작품을 감상할 수 있는 데도 이만한 곳이 없다. 원 호텔의 프런트 데스크 뒤에는 피카소의 〈꿈〉 진품이 걸려 있고, 베네시안 호텔에는 구겐하임 미술관이 자리잡고 있다. 매 시즌마다 열리는 유명 사진작가의 작품전이나 미술전이 마음을 설레게 한다.

호텔 투어의 시작은 공항에서 가까운 룩소르 호텔에서 시작하자. 거대한 스핑크스가 있는 피라미드 모양의 룩소르 호텔. 이 앞에서 사진을 찍으면 이곳이 이집트인지 라스베이거스인지 헷갈릴 정도다. 중세풍 고성 모양으로 지어진 엑스칼리버 호텔, 운하와 곤돌라가 있어 이탈리아의 베네치아를 떠올리게 만드는 베네시안 호텔, 신나는 롤러코스터를 즐길 수 있는 뉴욕뉴욕 호텔, 밤이면 화려하게 빛나는 에펠탑이 있는 파리스 호텔, 이슬람 향취가 물씬 풍기는 알라딘 호텔까지 호텔 투어에만 며칠이 필요할 정도다. 지치지 않게 체력을 관리하는 것은 필수다.

Flamingo
Harrah's
BALLY'S
BALLYS
ALADDIN
OWN IT

저녁에는 길거리에서 펼쳐지는 공짜 쇼를 보러 부지런히 돌아다녀야 한다. 그 중 최고로 꼽히는 벨라지오 호텔 앞 분수 쇼는 매일 오후 3시부터 12시까지 30분 간격으로 펼쳐진다. 가벼운 왈츠풍의 음악부터 웅장한 클래식까지 분수의 물줄기들은 배경 음악에 맞춰 어떤 무희보다도 우아하게 몸을 흔들어 댄다. 아이들과 함께라면 서커스서커스 호텔의 어드벤처돔을 놓치면 안 된다. 규모는 크지 않지만 바이킹과 회전목마 등 다양한 놀이기구들을 즐길 수 있는 실내 놀이공원이 훌륭하다.

공연을 좋아하는 사람이라면 각 호텔에서 펼쳐지는 화려한 쇼를 꼼꼼히 체크해 보자. 호텔 유람도 재미있지만 라스베이거스에 갔다면 그들이 자랑하는 화려한 쇼 한 편 정도는 봐야 한다. 윈 호텔의 '르 레브'나 베네시안 호텔의 '블루맨 그룹' 공연, 벨라지오 호텔의 '오 쇼'의 환상적인 무대는 강력 추천이다. 화려한 무대 의상과 함께 상상력을 뛰어넘는 무대 장치, 아찔한 서커스까지 시종일관 놀라움을 안겨 준다.

THE
FORUM SHOPS
GLITTER GULCH
Baskin
mamma
SUBS Blimp
GOLD

마지막으로 들러야 할 곳은 다운타운의 '프리몬트 스트리트'. 터널처럼 생긴 길 위 천정에 형형색색의 네온 쇼가 펼쳐지기 때문이다. 고개를 뒤로 젖히고 네온쇼를 바라보노라면 마음이 금방 흥겨워진다. 매일같이 뿜어내도 넘쳐나는 열정과 화려함, 온갖 브랜드 제품이 다 있는 쇼핑몰과 맛있는 음식들과 멋진 호텔, 라스베이거스가 아름다운 이유는 그렇게나 많다.

Location | 대한 항공이 주 3회 라스베이거스로 가는 직항편을 운행하고 있다. 아시아나와 유나이티드 항공, 필리핀 항공, 브라질 항공 등을 통해 LA나 샌프란시스코를 경유할 수도 있다. 직항의 경우 10시간 50분 걸리며 다른 지역을 경유할 경우 약 3시간 정도 더 필요하다.

Currency | 1달러(USD) = 1049.859원

Time difference | 한국보다 17시간 늦다.

Visa | 미리 비자를 준비해야 한다.

Tip | 공항에 도착하면 무료 가이드북부터 챙기자. 무가지 '왓츠온(what's on)'을 보면 라스베이거스 시내 지도를 비롯해 쇼와 이벤트, 호텔 정보가 담겨 있다. 그랜드 캐년이나 데스밸리 등으로 가는 투어 프로그램에 대한 정보와 쿠폰도 볼 수 있다.

공연 예매는 거리 곳곳에 있는 쇼핑몰의 키오스크에서 할 수 있으며, 인기 있는 쇼의 경우 미리 예매하지 않으면 자리를 잡기 힘들다. 운이 좋으면 당일 좌석표도 살 수 있다.

라스베이거스는 최근 쇼핑 목적지로도 급부상하고 있다. 고급 쇼핑가와 저렴한 아웃렛이 있다. 시저스 팰리스 호텔의 포럼숍이나 베네시언 호텔의 커낼 숍에는 명품들을 볼 수 있고, 스트립 주변에 유명 브랜드 제품을 저렴하게 살 수 있는 프리미엄 아웃렛이 있다.

멈추지 않는 6박 7일,
러시아 시베리아 횡단 열차여행

Russia
© 전소연

끝없이 펼쳐진 눈밭과 흰 옷을 입은 자작나무, 영화 〈닥터 지바고〉에 나오는 '라라의 테마'. 시베리아 횡단 열차 여행은 상상하는 것만으로도 가슴이 달뜬다. '나도 저기에 타 볼 기회가 있을까?' 조금은 멀게 느껴졌던 러시아 시베리아 횡단열차 여행. 6박 7일이나 달려야 하는 긴 열차 여행이라는 것도 특별하지만 긴 시간 속에 함께한 사람들의 사연들을 훔쳐 볼 수 있다는 점에서 시베리아 횡단열차 여행은 꼭 해 볼 만하다.

횡단열차는 시베리아의 가장 큰 항구도시인 블라디보스토크를 시작으로 몽골 횡단열차가 교차하는 울란우데, '시베리아의 파리' 라고 불리는 이르쿠츠크 등 60여 개의 역을 지난다. 시베리아 횡단열차의 양 끝인 블라디보스토크와 모스크바의 거리는 9,288km로 시베리아 횡단 열차는 세상에서 가장 긴 철도다. 지구 둘레(약 4만km)의 약 4분의 1, 서울에서 부산까지 스물두번 이상 왕복할 수 있는 길이라고 하면 그 길이를 가늠할 수 있을까? 쉬지 않고 6박 7일을 달려야 종점에 도착할 수 있고, 그 동안 일곱 번이나 다른 시간대를 가진 지역을 지나기 때문에 손목시계의 시간을 다시 맞춰야 정확한 시간을 알 수 있다. 끝에서 끝까지 시차만 해도 11시간이나 나는 이 열차는 세상에서 가장 긴 기차 여행이라는 유일무이한 추억을 선물한다.

문득 생기는 궁금증 하나! 그렇게 오랫동안 열차를 타는데 식사는 어떻게 해결할까? 6박 7일 동안 먹을거리들을 모두 싸가지고 탈 리도 없고, 그렇다고 내내 열차 안에 있는 식당을 이용하기도 지겨울 텐데 싶었다. 알고 보니 대부분의 식사는 중간에 열차가 서는 역 근처 시장에서 해결할 수 있었다.

크고 작은 역 플랫폼에는 선로를 따라 작은 장이 만들어지는데, 마땅히 먹을 것이 없는 열차 여행 중 간간히 나타나는 소박한 장들은 여행자의 마음을 흥분시키기에 충분하다. 김이 모락모락 나는 감자와 피로슈키(만두), 맥주와 팔도 도시락, 초코파이는 고급 레스토랑 부럽지 않은 최고의 음식이 된다.

자, 시베리아 횡단열차 안 풍경은 어떨까. 시베리아 횡단열차는 2인 1실과 4인 1실로 나뉘어 있는데 상태는 생각보다 양호하다. 침대는 1층과 2층으로 분리돼 있어, 두 개가 마주보고 있는 형태로 기차를 타면 차장 아주머니가 시트와 베개 커버를 나누어 준다.

여러 날 동안 열차 속에서 함께 하는 사람들이 가장 많이 하는 놀이는 카드와 보드카 마시기다. 얼굴이 발그레해져서 호탕하게 웃는 모습이나 은근한 눈빛으로 한없이 펼쳐져 있는 창밖의 풍경을 바라보는 이들을 보면 모두가 조급하지도 지루하지도 않은 표정들이다. 마치 세상의 이치를 통달한 철학자들 같다.

기차여행의 큰 재미는 역시 현지인들과 함께 한다는 것이다. 다들 긴 시간 동안 여행을 하기 때문에 옆에 앉으면 말을 붙이지 않고는 못 배긴다. 옆자리 꼬마들과 장난도 치고 차장 아주머니와 더듬더듬 대화도 나눈다. 식당 칸에서 만난 주방 아주머니는 은은한 바이올린 연주를 들려줘 여행자들에게 잊을 수 없는 횡단열차에서의 추억을 만들어 준다.

너무 길다고 생각했던 열차여행은 이런저런 새로움으로 금세 끝을 맞이한다. 열차 여행이 끝나 간다고 생각하니, 슬라브 여인의 살처럼 새하얀 자작나무의 행렬과 한가로운 시베리아의 시골 풍경들이 벌써 그리워진다.

열차에서 내려야 할 시간이 다가오자 아쉬움이 한 조각 남는다. 여행을 떠나기 전, 기를 모으기 위해 잠시 명상을 한다는 러시아 사람들을 따라 나도 잠시 눈을 감고 행복과 아쉬움으로 범벅된 마음을 다독였다.

Location | 대한 항공과 러시아 국영 항공사인 아에로플로트가 모스크바 직항편을 운항한다. 모스크바까지 약 8시간. 블라디보스토크까지 배를 타고 가는 방법도 있다.

Currency | 화폐 단위는 루블(RUB). 1루블 = 46.88원.

Time difference | 우리나라와 모스크바의 시차는 6시간. 우리나라가 6시간 빠르다. 횡단열차에서만 시간대가 일곱 번 바뀌기 때문에 도시마다 시차가 다르다는 것을 염두에 둬야 한다.

Visa | 여행사를 이용하는 것이 편하다. 초청장이 필요하기 때문. 여권과 사진 1장이 필요한데, 비자발급 기간에 따라 가격이 달라진다. 2주 전에 받으면 4만5000원 정도에, 1주 전에 받으려면 9만 원 정도가 들기 때문에 여행 계획을 세워 미리미리 받자.

Tip | 시베리아의 날씨가 제일 좋을 때는 9월. 한국의 가을 날씨라 여행하기에 적당하다. 겨울에는 춥고 썰렁하지만 눈 덮인 시베리아의 제 맛을 느끼려면 겨울에 가는 것도 좋다. 러시아에 가면 먼저 러시아 문자인 키릴문자를 외우는 것이 필요하다. 영어를 좀처럼 찾아보기 힘들다. 특히 기차표 타임 테이블을 읽기 위해서는 키릴문자를 읽을 줄 알아야 한다.

테마여행 07
'포도밭에 취해, 와인에 취해'
남아공 스텔렌보쉬 와인여행

"아프리카에 와인이?"

보통 와이너리라고 하면 프랑스나 스페인, 이탈리아, 호주, 미국 캘리포니아, 칠레를 떠올리지만 남아프리카공화국을 생각하기는 쉽지 않다. 그러나 남아프리카공화국의 서남쪽에 있는 스텔렌보쉬(Stellenbosch)에 가면 눈부신 와인 때문에 깜짝 놀라게 된다.

스텔렌보쉬는 케이프타운에서 42km 떨어진 거리에 있는 남아공 와인의 본고장으로, 전원의 아름다움을 안고 있는 평안한 도시다. 반짝이는 햇살 아래 펼쳐진 포도밭과 와인 양조장 안에서 수십 년간 저장된 오크통은 여행자들의 마음을 흐뭇하게 만들어 준다.

남아공 와인이 귀에 익숙지 않다고 이곳의 와인을 폄하하면 안 된다. '오크통의 도시' 라고 불릴 정도로 와인으로 뼈가 굵은 도시일 뿐만 아니라, 프랑스 보르도나 부르고뉴 못지않은 포도밭을 보유하고 있기 때문이다.

Republic of
South Africa

프랑스 보르도 와이너리(대규모 와인 농장)가 역사와 전통을 자랑하는 진중한 느낌을 주고, 캘리포니아 와이너리의 와인 제조가 최첨단의 공정이라는 느낌을 주는 반면, 남아공의 와이너리는 소박하면서도 편안한 느낌이 특징이다.

이곳에서 생산되는 와인은 남아프리카 전체 와인 생산량의 4분의 1 정도를 차지하고 있다. 스텔렌보쉬 지역은 여름에는 서늘하고 겨울에는 따뜻한 편이라 레드 와인에 대한 평가가 더 좋은 편이다.

와이너리 여행의 백미는 다양한 와인을 한 자리에서 맛볼 수 있는 와인 테이스팅. 스텔렌보쉬의 대표적인 양조장 스피어(Spier)를 찾는다. 와인 테이스팅에 드는 비용은 약 1500원 정도. 와인 에듀케이터가 친절한 설명과 함께 와인을 한 잔씩 따라 준다.

"피노타쥬(Pinotage)는 남아프리카에서 나는 특별한 포도주예요. 멜롯(Merlot)도 한번 맛보세요. 과일 향이 풍부하죠. 특히 자두 향이 많이 나요."

오크향이 나는 분위기 있는 와인부터 과일 맛이 깔끔한 와인, 바닐라 향에 달콤한 와인 등 여러 향의 와인을 즐기다 보면, 마치 온 세상이 내 것이 된 듯한 느낌이 들지도 모른다. 남아공의 와인 중에서도 주목해야 할 와인은 역시 남아공 고유의 레드 품종인 피노타쥬. 피노타쥬는 과일맛과 향이 풍부한 편이다. 피노타쥬와 함께 발랄한 신맛을 내는 쇼비뇽 블랑과 달콤한 향기를 자랑하는 샤도네이도 테이스팅 리스트에 넣는 것이 좋다.

스텔렌보쉬에는 끝없는 포도밭 옆에 장미꽃 밭이 넓게 펼쳐 있다. 포도밭 옆에 장미꽃을 심어 놓으면 벌레들이 포도밭으로 안 가고 장미꽃으로 가기 때문에, 일부러 그렇게 만들어 놓은 것. 이렇게 와이너리에서는 꽃의 여왕인 장미가 포도를 위해 희생되기도 한다.

스텔렌보쉬의 와이너리 투어가 아쉽다면, 스텔렌보쉬 주변에 있는 팔과 보쉘델, 웰링턴, 니더버그 등 다른 와인 마을들을 둘러보는 것도 좋다. 시간 여유가 있다면 스텔렌보쉬에서 하룻밤 묵으면서 전원생활의 즐거움을 맛보는 것도 추천할 만하다.

Location | 스텔렌보쉬에 가기 위해서는 케이프타운까지 비행기를 타고 가야 한다. 케이프타운까지 직항편은 없다. 홍콩에서 남아공의 요하네스버그까지 남아공 항공을 이용하면 편리하다. 인천에서 홍콩, 요하네스버그를 거쳐 케이프타운으로 갈 수 있다.

Currency | 1달러 = 7.6랜드

Time difference | 한국보다 7시간 늦다.

Visa | 비자 없이 30일 동안 체류가 가능하다.

Tip | 햇살이 눈부시므로 자외선 차단제를 챙겨 가는 것이 좋다.

테마여행 08

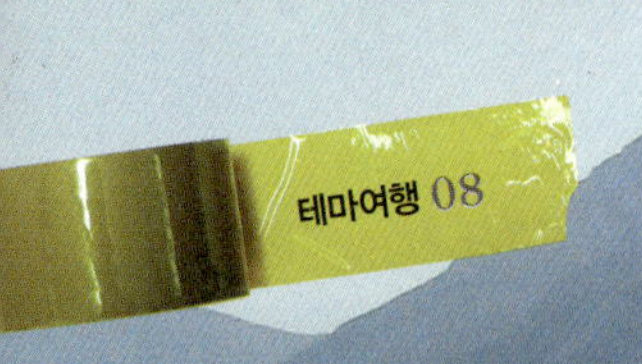

빙하가 사라지기 전에, 아르헨티나 페리토 모레노 빙하

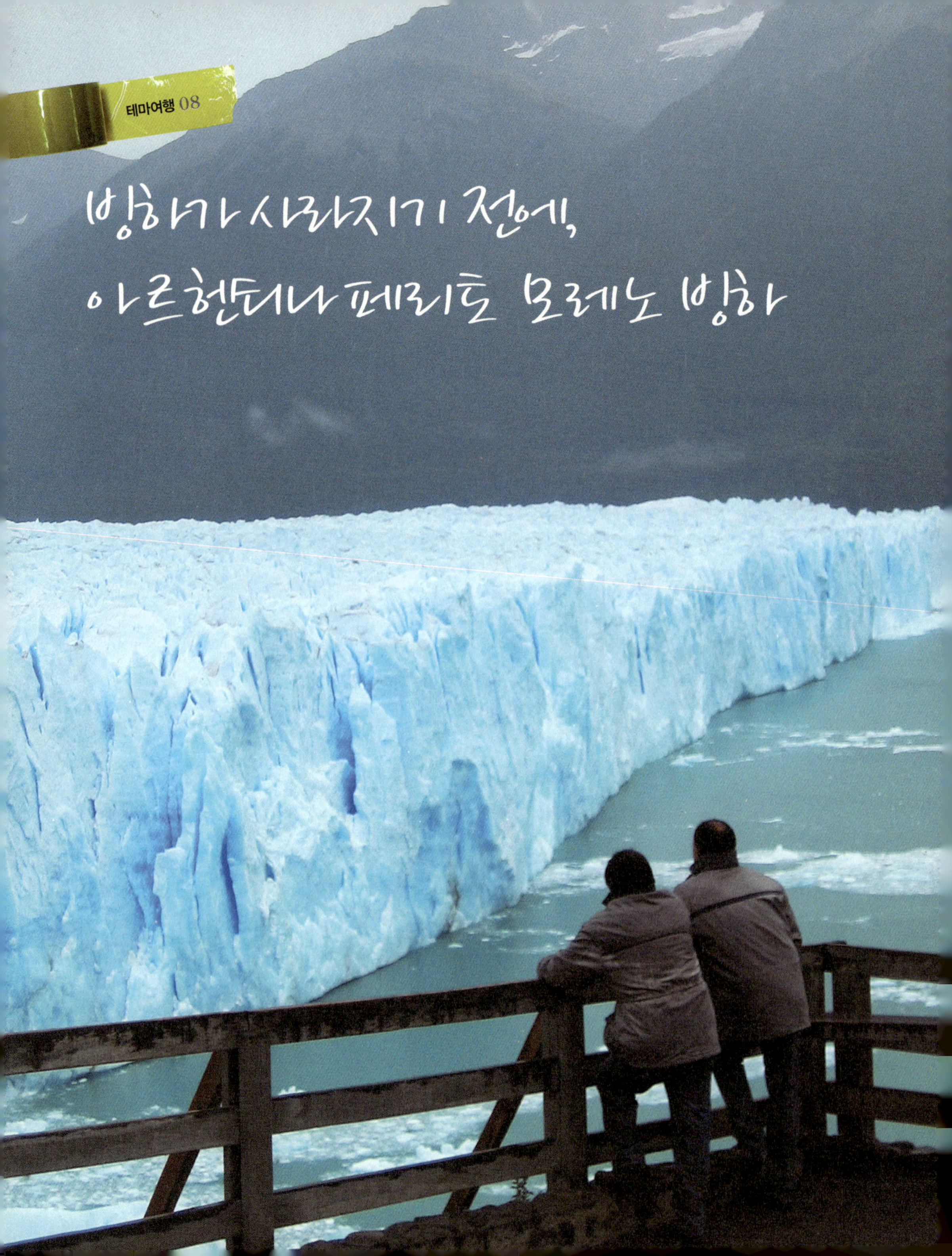

'사라지는 것은 모두 아름답다?'

지구가 따뜻해지면서 아름다운 지구의 보물들이 사라질 위기에 처하고 있다. 이런 이유로 '소멸 위험에 처한 세계의 유산들을 보러 가는 여행이 각광받고 있다. 그래서 몇 년 전부터 아르헨티나의 작은 도시 칼라파테는 전세계에서 모여든 여행자들로 더욱 북적거리고 있다.

아르헨티나의 수도 부에노스아이레스에서 무려 2,727km나 떨어져 있는 칼라파테. 인구 만 명도 안 되는 자그마한 도시지만, 알고 보면 만년설과 거대한 빙하를 품고 있는 로스 글라시아레스 국립공원(Parque Nacional de Los Glaciares)이 자리하고 있는 중요한 곳이다.

1981년 유네스코 세계자연유산으로 지정된 로스 글라시아레스 국립공원은 4,460km²의 엄청난 면적에 47개의 빙하가 숨 쉬고 있는 경이로운 곳이다. 로스 글라시아레스 국립공원은 대부분 빙하와 호수로 뒤덮여 있는데, 국립공원 곳곳에는 동물들과 식물들이 조화롭게 살아가고 있다. 도시 이름이자 달콤 쌉싸름한 열매를 맺는 칼라파테도 이 국립공원에서 찾아볼 수 있는 나무 중 하나다. 푸른빛을 띤 반투명의 빙하와 초록빛 숲, 그리고 머리카락을 스치는 바람이 만들어 내는 풍경을 바라보노라면 놀라움에 몸이 굳어 버릴 정도다.

아름다운 로스 글라시아레스 국립공원에서 손꼽히는 곳이 바로 페리토 모레노 빙하다. 페리토 모레노 빙하는 폭 5km, 높이 60~100m에 달하는 빙하로, 그 앞에 서면 누구든 개미라도 된 듯 하염없이 작아진다. 빙하 앞에는 앙증맞은 해빙 조각들이 아르헨티노 호수 위에 점점이 떠 있어, 남다른 풍경을 만들어 낸다.

'발코니' 라고 불리는 전망 좋은 곳에서 빙하를 바라보고 있노라면, 그 좁은 세상에서 아웅다웅 살아온 시간들이 어리석게만 느껴진다. 빙하는 아무 말도 하지 않지만 여행자의 마음 속에서는 수많은 생각들이 통통 튀어다닌다.

거대한 얼음처럼 보이는 빙하지만, 끊임없이 움직이는 생명체나 다름없다. 빙하는 수백만 년 동안 내린 눈이 쌓이고 쌓인 것으로, 그 위에 눈이 쌓이면 산소가 빠져 나가면서 빙하가 푸른빛으로 변하게 된다. 쌓이는 눈의 무게를 이기지 못한 빙하의 부분들이 깨져서 조금씩 호수로 흘러내리는데, 그 흘러내린 물이 에메랄드빛의 호수를 만들어 낸다.

여기에 빙하 여행의 백미가 숨어 있다. 부채꼴처럼 생긴 빙하를 쳐다보고 있노라면 어디에선가 들리는 천둥치는 소리와 빙하가 무너져 내리는 모습을 만나게 된다. 분주하게 하늘과 호수를 카메라에 담던 여행자들도 모든 동작을 멈추고 그 광경을 바라본다. 그야말로 경이로운 자연현상이다.

빙하의 자유낙하는 한 번으로 끝나지 않는다. 어디에선가 폭탄이라도 터뜨리듯 멀리서도 빙하 떨어지는 소리가 들린다. 이쯤 되면 여행자들 입에서 감탄사가 흘러나온다. 빙하 앞에 서 있다 보면 시간 가는 줄을 모른다. 그렇게 빙하는 그 속에 푹 빠지게 만드는 마력을 지니고 있다.

페리토 모레노에서의 빙하여행이 인상적이었다면, 빙하 위를 직접 걷는 트레킹에 도전해 보자. 또 빙하에서 떨어지는 빙산들이 떠다니는 웁살라 빙하를 찾아보는 것도 멋진 여행이 될 것이다.

Location | 아르헨티나까지 가는 직항편은 없다. 보통 미국 LA→페루 리마(혹은 멕시코 멕시코시티) 경유 편을 이용한다. 칼라파테는 아르헨티나 수도 부에노스아이레스에서 비행기로 2시간 반 정도 걸린다.

Currency | 1달러 = 3.16아르헨티나(Peso) 페소

Time difference | 한국과의 시차는 12시간. 정확히 낮과 밤이 바뀐 시간이다.

Visa | 별도 비자는 필요없다.

Tip | 칼라파테에 가면 멋진 엽서를 꼭 사자. 파노라마로 찍은 놀라운 빙하 풍경들이 담겨 있다.

또 하나의 테마여행

태국 요리 비법을 배우다 – 태국의 쿠킹 클래스

짧은 휴가를 이용해서 요리를 배울 수 있다면? 그것도 태국 요리를! 태국의 쿠킹 클래스는 태국 요리에 대한 호기심을 풀어 주고 조리법을 배울 수 있는 흥미진진한 프로그램이다. 바쁜 여행자를 위한 반나절 코스부터 마련되어 있어 그린커리, 팟타이, 스프링롤, 톰양쿵 등의 태국 요리를 부담 없이 배울 수 있다. 수업이 끝나면 쿠킹 클래스 수료증도 준다. 방콕과 치앙마이에서 다양한 쿠킹 클래스를 만날 수 있으며 유명 리조트들도 쿠킹 클래스를 운영하고 있다.

◀ ▲ ⓒ 박영심

하늘을 걷는 아찔한 느낌 – 마카오의 스카이워크

동양과 서양의 문화가 조화를 이루고 있는 마카오. 마카오의 명물 중 하나는 세계에서 10번째로 높은 마카오 타워다. 무려 높이가 283m. 233m로 세계에서 가장 높은 번지 점프대가 마련돼 있는 곳이 바로 이곳이다. 번지 체질이라면 마카오 타워에서 '번지'를 외치며 하늘을 날아보는 것도 좋겠지만, 스릴만 느끼고 싶다면 타워 바깥에 설치된 둥그런 길을 걷는 '스카이워크'가 제격이다. 61층에서 하늘의 바람을 맞으며 마카오를 한눈에 내려다보는 기분은 그만이다.

© 신성식

모래언덕에서 신나게 슬라이딩! – 호주 퍼스의 샌드 보딩

스릴 만점! 모래언덕을 맨몸으로 내려오는 샌드 보딩. 신나는 보딩을 위해서는 보드 바닥을 왁스로 먼저 문질러야 한다. 보드에 앉아 중심을 잡은 후 출발! 눈발처럼 날리는 모래와 함께 스트레스도 저 멀리 날아간다. 리프트가 없어 다시 보드를 들고 모래언덕으로 올라가야 하는 수고스러움이 있지만, 모래와 함께 뒹굴다 보면 시간 가는 줄 모르고 즐기게 된다.

© 고유석

PART 5

밀려드는 감동!
대자연과 세계문화유산

have the gift of prophecy...
...I have a faith that can move mountains...
...give all I possess to the poor and...
...are not love, I gain nothing. Love is...
...does not envy, it does not boast...
...not rude, it...
...the flames...
...seeking. It is not easily angered...

...all knowledge...
...love I am nothing...
...the flames...

Tibet

하늘과 가장 가까운 영혼의 땅, 티베트

세상에서 가장 맑은 영혼들을 만날 수 있다는 티베트. 티베트에 가고 싶다면 하루라도 일찍 서둘러 떠나야 한다. 중국이 티베트를 지배하기 시작하면서 티베트를 너무나 빠른 속도로 바꿔 놓고 있기 때문이다. 안타까운 일이지만 티베트 사람들의 순수함과 그곳의 보석 같은 아름다움을 보고 싶다면 부지런을 떨며 가방을 싸야 한다.

금단의 땅 티베트를 세상과 연결해 주는 공가 공항에 내리면 먼저 살을 파고드는 햇살을 만난다. 손을 뻗으면 금세 잡을 수 있을 것 같은 구름과 파란색 물감을 풀어놓은 것만 같은 하늘. 발을 딛고 서 있는 이 땅이 티베트라고 말해 주지 않아도, 스스로 티베트 속에 들어와 있음을 느낄 수 있는 새파란 하늘이 눈앞에 펼쳐진다.

라싸에 도착하면 물을 많이 마시고 숨쉬기에 충실해야 한다. 해발 3,500m의 라싸에서는 고산병에 걸릴 위험이 있기 때문이다. 이틀이나 삼일 정도 라싸에서 지내고 나면 그때서야 숨쉬기가 조금 편해진다.

아침 일찍 일어나 티베탄(티베트 사람들)들이 가장 성스러운 곳으로 여기는 조캉 사원에 가면, 눈도 못 뜰 정도의 강렬한 햇살은 사라지고 어스름한 안개와 향 내음만 가득하다. 희미한 시야 사이로 흘러나오는 나지막한 음성들. 조캉 사원 입구는 이미 '옴마니밧메훔(연꽃 속의 보석이여, 영원하소서)' 이라고 읊조리며 오체투지(머리와 양 팔꿈치, 양 무릎 등 다섯 군데가 땅에 닿도록 절을 하는 것)를 하는 사람들로 인산인해다.

그들의 신을 향하여, 자연을 향하여 납작 엎드리는 티베트 사람들. 그 광경을 보면 적립식 펀드와 부동산 이야기에 열을 올리던 사람은 멍해질지도 모른다. 도대체 무엇을 위해 이렇게 끊임없이 엎드리는 것일까. 티베트 사람들의 경건하고 진실한 기도를 보면 부처는 꼭 존재해야만 할 것 같다.

새벽녘 조캉 사원을 둘러싸고 있는 순례길 바코르를 돌아본다. 티베트 사람들의 평생 소원 가운데 하나는 자신이 사는 곳에서 조캉 사원까지 오체투지로 순례하는 것이다.

그냥 걷는 것만으로도 힘이 들 그 길을, 양 무릎과 팔꿈치, 이마가 땅에 닿도록 절을 하며 걷는 그 한걸음 한걸음이 얼마나 힘이 들까.

티베트 사람들은 길거리에서 받은 보시를 모아 여비를 해결하는데, 다리가 없어 목발을 짚고 있던 허름한 차림의 행인이 바코르를 돌던 할아버지 순례자에게 다가가 정성이 듬뿍 담긴 동전 몇 닢을 두 손에 쥐어 주는 모습은 눈시울을 적실 정도도 감동적이었다. 단지 신실한 믿음이라고 설명하기에는 부족한 그들의 행동이 마음을 아리게 만든다. 어쩌면 그들은 태어날 때부터 그런 숭고함과 맑음을 지니고 있었는지도 모르겠다.

티베트 어디에서나 불심으로 가득 찬 기운을 느낄 수 있지만, 그 중에서도 특히 세라 사원은 티베트 불교의 생생함을 만날 수 있는 곳이다. 라싸에서 5km 정도 떨어진 세라 사원은 1419년에 세워진 티베트 불교 발전의 구심점 역할을 하고 있다. 세라 사원의 활기는 오후 3시 토론의 정원에서 벌어지는 학승들의 열띤 토론 때 잘 느낄 수 있다. 수백 명의 학승들이 서로 짝을 이뤄 손뼉을 쳐 가며 토론을 벌이기 때문이다.

그것이 토론이라는 것을 모르고 본다면 싸우는 것처럼 보일 정도로 그들의 목소리와 몸짓은 과격하다. 서로 토론을 통해 얻은 깨달음이야말로 진정한 진리라고 믿는 티베트 불교. 그 수업 방식의 독특함과 힘찬 에너지에 또 한 번 마음을 빼앗기고 만다.

라싸에서 190km 떨어진 남쵸 호수. 남쵸는 사원이 아니면서도 성지로 꼽히는 곳이다. 볼리비아의 티티카카 호수(해발 3810m)보다 900m 정도 더 높은 남쵸 호수(해발 4718m)는 형언할 수 없는 신비로움을 간직하고 있다. 수많은 중국인 관광객들로 인해 호수 주변이 시끄럽긴 하지만, 남쵸 호수의 신령스러움에 그곳에 고인 물은 전혀 다른 세상에서 흘러나오는 것처럼 느껴진다.

티베트를 떠날 무렵이 되면 최소한의 물질을 가지고도 풍요로운 마음을 지닌 티베트 사람들의 모습이 마음 속 깊이 남는다. 그리고 그들처럼 낮은 마음을 갖게 해 달라고 기도를 드리고 있는 나의 모습을 발견하게 된다.

Location | 인천에서 성도까지 직항편이 있다. 4시간 소요. 성도에서 티베트의 수도 라싸까지는 중국 국내선을 이용해야 한다. 중국 북경에서 라싸까지 가는 칭짱 철도가 운행되고 있지만 간헐적으로 운행이 중단되고 있기 때문에, 계획을 세우기 전에 꼭 열차가 운행하는지 체크해 봐야 한다.

Currency | 1위안(CNY) = 133.93원, 1달러(USD) = 7.35위안(CNY) 티베트에서는 중국 화폐를 사용하기 때문에, 국내에서 환전을 해 가는 것이 편하다.

Time difference | 한국보다 1시간 늦다.

Visa | 비자가 필요하다. 발급 비용은 발급 기간에 따라 요금이 달라진다. 급하면 당일에 받을 수도 있다. 9만5000원.

소금호텔에서의 하룻밤, 볼리비아 우유니 호수

Bolivia

경이로운 자연 때문에 배낭 여행자들이 꼽는 최고의 여행지, 볼리비아의 우유니 소금사막(Salar de Uyuni). 이곳은 아무리 큰 기대를 안고 가더라도 결코 그 기대를 저버리지 않는 여행지다.

이곳에서는 그저 소금 사막 위에 서 있는 것만으로도 최고의 경이로움을 맛볼 수 있다. 땅을 딛고 서 있지만 하늘 안에 둥둥 떠 있는 것 같은 기분은 상상조차 해 본 적이 없는 것이다. 그리고 내 발 밑에는 마음까지 비출 것 같은 거울이 있고 그 위로 또 하나의 내가 하늘을 향해 손을 벌리고 서 있다.

이런 기묘한 기분을 느낄 수 있는 이유는 끝없이 펼쳐진 우유니 소금사막과 그 사막 위로 데칼코마니처럼 반사된 하늘의 반영 때문이다. 경기도보다 훨씬 큰 1만2000㎢ 면적에 소금이 깔려 있고, 그 소금 위에 비가 살짝 내리면 온 세상이 거울로 변해 버린다. 그리고 머리 위에 펼쳐진 하늘이 발 아래에 그대로 펼쳐진다.

도대체 이렇게 신기한 세계 최대의 소금사막, 우유니는 어떻게 탄생한 것일까?

$R_{\mu\nu} - \frac{1}{2} g_{\mu\nu} R = -\frac{8\pi G}{c^4} T_{\mu\nu}$
A. EINSTEIN

2만 년 전 바다가 녹으면서 이곳에 호수가 만들어졌는데, 날씨가 건조해지면서 물이 마르고 소금만 남게 되어 만들어진 것이라고 한다. 이 소금사막에 있는 소금의 양은 최소 100억 톤으로 볼리비아 사람들이 수천년 동안 먹고도 남을 정도다.

우유니는 언제 찾아도 좋지만 하늘이 땅에 반사된 모습을 보기 위해서는 반드시 우기에 가야 한다. 건기에는 소금 사막에 물이 없기 때문에 환상적인 풍경을 만나기 어렵다. 대신 건기에는 더운 여름에 흰 눈으로 뒤덮인 듯한 독특한 풍광을 만날 수 있다. 그리고 소금 사막 한가운데 자리하고 있는 소금 호텔에서 머물 수 있다는 장점이 있다. 소금 호텔은 소금을 벽돌처럼 블록으로 만들고, 그 블록을 이용해 만든 호텔로, 건기에는 소금이 녹을 일이 없어 추천할 만하다. 그러나 개인적으로는 소금 호텔에서의 하룻밤보다는 우기에 가서 만나는 우유니 모습을 더 사랑한다.

우유니 소금사막으로 가기 위해서는 먼저 볼리비아의 수도인 라파스나 포토시로 가야 한다. 라파스에서 버스로 12시간, 포토시에서 5시간 정도 달리면 우유니 사막으로 갈 수 있는 베이스캠프, '우유니' 마을이 등장한다.

삭막하기 그지없는 산길을 오르락내리락하다가 등장하는 우유니 마을은 과연 사람이 사는 곳이 맞을까 싶을 정도로 척박하지만, 소금사막의 장관을 보기 위해 세계 각지에서 몰려든 이들로 사시사철 발길이 끊이지 않는다. 소금 사막의 장관을 보기 위해서 대부분의 여행자들이 여행사의 투어 프로그램을 이용한다. 개인적으로 가기 위해서는 별도로 지프를 빌리거나 하는 방법밖에 없다. 소금사막에 들어가는 차들은 차 밑바닥에 손상이 많이 가는데다, 이정표 없는 길을 하염없이 달려야 하기 때문에 여행사 프로그램을 이용하게 된다. 그래서 우유니 사막 투어는 하루만 맛보기로 우유니 사막을 보는 일일 투어부터 우유니 사막과 그 주변을 넓게 돌아보는 일주일 투어까지 다양하게 마련돼 있다. 여행자들이 가장 선호하는 프로그램은 우유니에서 출발해 칠레 북부의 산 페드로 데 아타카마까지 가는 3박 4일 코스. 첫날 우유니 소금 사막을 시작으로 선인장으로 가득 찬 '어부의 섬(Isla del pescador)', 신기한 분홍빛을 띤 호수 '라구나 콜로라다', '라구나 베르데' 등 차례로 볼리비아의 아름다운 자연들을 만나게 된다.

가는 곳마다 특이한 지형을 만날 수 있고, 바람에 깎여 특이한 형상을 하며 사막을 지키고 서 있는 바위들 덕분에 3박 4일간 버스를 타고 달려도 지겹지 않다. 허허벌판을 달리다가 우연히 설원 속에 서 있는 야마와 눈이 마주치기라도 하면 친구라도 만난 듯 신이 난다. 하늘이 담긴 소금 사막과 변화무쌍한 볼리비아의 자연은 가슴 속 깊이 박혀 언젠가 꼭 다시 찾겠다고 다짐하게 된다.

Location | 볼리비아는 대부분 남미의 주요 도시로 이동한 후, 육로를 통해 들어간다. 가장 일반적인 경로는 페루로 비행기를 타고 들어가서 볼리비아로 내려간다. 페루의 수도 리마까지는 미국 LA에서 란칠레 항공으로 갈아타고 들어간다.

Currency | 화폐 단위는 볼리비아노, 1달러 = 4.74볼리비아노.

Time difference | 우리나라보다 13시간 늦다.

Visa | 볼리비아에 입국하기 위해서는 비자가 필요하다. 페루에 있는 볼리비아 대사관을 통해 비자를 발급받는 경우가 많다. 비자발급 수수료는 30달러. 반나절 정도 걸린다.

Tip | 볼리비아는 남미에서도 저렴하게 여행할 수 있는 최고의 나라. 인터넷을 사용하는 비용도 한 시간에 300~400원 정도이기 때문에 부담 없이 이용할 수 있다. 단, 속도는 장담하지 못한다.

죽기 전에 한번은 꼭 가 봐야할 매혹의 도시, 터키 이스탄불

'멜하바'.

터키의 아침은 따뜻함이 넘치는 터키식 인사로 시작한다. 이스탄불은 터키에서도 가장 특별한 도시. 동양과 서양의 조화가 화려하게 펼쳐진 흔적을 구석구석에서 만날 수 있는 곳이다.

역사적으로 이스탄불은 비잔틴제국으로 불리는 동로마제국 때부터 오스만제국에 이르는 1600여 년 간 세계 문화의 중심지였다. 그래서 도시 어디를 가더라도 히타이트부터 페르시아, 헬레니즘, 로마, 비잔틴, 셀주크, 오스만제국에 이르는 각양각색의 고색창연한 문화를 볼 수 있다. 한 마디로 인류 문명의 박물관' 이라고나 할까.

역사적인 건축물 중에서도 가장 사랑받는 것은 역시 비잔틴 시대의 최대 걸작, '아야 소피아 성당' 이다. 아름다운 이 성당은 오랜 세월을 걸쳐온 영욕의 역사를 안고 있다. 영원을 상징하는 돔 형태의 아야 소피아 성당은 532년, 비잔틴 황제 유스티아누스에 의해 지어져 916년 간은 가톨릭 성당으로, 481년 간은 이슬람 사원으로 사용됐던 아이러니한 사연을 품고 있다. 역사의 소용돌이 때문이었지만 모든 종교를 포용하고 있는 아야 소피아 성당은 이슬람과 가톨릭 등 종교와 시간을 초월해 지금까지도 세계인들의 사랑을 받고 있다.

성당 내부에는 굽이굽이 흘러온 역사의 흔적에, 그리고 밖에 나오면 건축물의 아름다움에 감탄하게 된다. 성당 외부는 밤이 되면 은은한 조명이 비춰 더없이 낭만적인 분위기를 연출한다.

이스탄불의 살아 있는 박물관 중 여행자들이 꼭 들르는 곳이 있다. 바로 '그랑 바자르' 와 '이집션 바자르' 이다. 그랑 바자르는 말 그대로 거대한 옥내 시장. 무려 4000여 개의 가게에서 저마다 상인들이 손님을 부른다. 각종 보석과 카펫, 가죽제품, 수공예품, 이슬람 문양을 담은 각종 사기그릇 등 이 시장에 없는 것도 있을까 싶다.

1
TAKSİM TÜNEL
47
ASILMAK YASAK
VE TEHLİKELİDİR
İŞ İLANI

ATEŞ BİBER
CHILI PEPPER
YEŞİL BİBER
GREEN PEPPER
KIRMIZI BİBER
RED PEPPER
KARABİBER
BLACK PEPPER
WHITE PEPPER
MIX PEPPER
TURKISH SAFFRON
TAVUK BAHARI
CHICKEN SPICE
HINT Y. BAHARI
INDIAN MEAT SPICE
MASALA
BALIK BAHARATI
FISH SPICE

그랑 바자르는 이스탄불이 오스만제국의 수도로 자리잡을 때부터 동서양의 문화와 물건들을 연결하는 가교 역할을 해 왔다. 그래서 그런지 안데르센을 비롯해 유명 작가들의 지중해 여행기에는 이스탄불의 왁자지껄하고 거친 시장 이야기가 빠지지 않고 등장한다.

그랑 바자르에 들어서면 이스탄불의 명물인 애플티를 공짜로 주겠다며 '프리 애플티'를 외치는 상인들을 먼저 만난다. 한국 여행자들이 많아지면서 '안녕'이나 '감사합니다'라고 말을 거는 상인들도 늘어났다. 그렇다고 마냥 반가워 덥석 물건을 집으면 안 된다. 그랑 바자르의 상인들은 인심 좋은 아프리카 사람들과는 달리 뭔가 꼭 사게 만드는 마력을 가지고 있기 때문이다.

그랑 바자르에서 흥정은 필수다. 이곳에서는 어수룩하게 보였다가는 바가지를 쓰기 십상이므로 좀더 알뜰한 쇼핑을 하고 싶다면 향료향이 진하게 풍기는 이집션 바자르로 발길을 돌리는 것이 좋다.

시장에서 가장 많이 볼 수 있는 것은 물담배, 나르길레다. 나르길레는 여러 가지 향료를 넣어 긴 파이프로 피우는 담배로, 시장 안에는 나르길레를 피우고 앉아 있는 사람들이 많다. 터키인들의 풍류를 몸으로 느끼고 싶다면 한번쯤 도전해 볼 만하다.

이 외에도 이스탄불에는 테오도시우스의 오벨리스크가 세워져 있는 히포드롬, 고고학 박물관, 갈라타탑, 돌마바흐체 궁전 등 역사의 유산들이 곳곳에 박혀 있다. 이런 이유 때문에 이스탄불을 여행하는 여행자들에게는 꼭 필요한 것이 있다. 바로 '마음을 비우는 것'이다. 한번 여행으로 모든 것을 보겠다는 욕심을 일찌감치 버리는 것, 그것이 이스탄불 여행의 출발이다.

Location | 터키 항공과 아시아나 항공에서 이스탄불 직항을 운행하고 있다. 저렴하게 가려면 우즈벡 항공이나 싱가포르, 말레이시아 항공을 이용할 수 있다.

Currency | 1달러 = 1.213예테르(YTL), 1유로 = 1.724예테르(YTL).

Time difference | 터키가 한국보다 7시간 늦다.

Visa | 비자 없이 90일 간 체류할 수 있다.

Tip | 이스탄불을 여행할 때는 휴일을 잘 체크해야 한다. 그랑 바자르와 이집션 바자르는 매주 일요일 쉰다. 그리고 아야 소피아는 월요일, 톱카프 궁전은 화요일, 돌마바흐체 궁전은 월요일과 목요일에 각각 문을 닫는다.

과거와 현재 그리고 미래를 만나다,
캄보디아 앙코르와트

이집트 룩소, 페루의 마추피추, 과테말라의 티칼 등 세계에는 위대한 문화유산이 여럿 있지만, 내가 꼽는 넘버원은 언제나 앙코르와트다. 그만큼 앙코르와트의 유적은 말로 표현할 수 없는 감동을 안겨 준다. 규모도 규모지만 그 옛날에 이런 규모의 건축을 완성할 문명이 있었다는 사실 자체가 놀라움으로 다가온다.

여행의 목적에 여러 가지가 있겠지만 앙코르와트는 여행에 대해 '과거를 공부하고 현재를 느끼며 미래를 내다보는 것' 이라는 새로운 정의를 부여해 준 곳이다. 그래서 누군가 여행지를 추천해 달라고 하면 먼저 '앙코르와트는 다녀왔어?' 라고 되묻는다.

앙코르와트는 동남아 밀림 속에서 발견된 세계 최대의 유적지로 9세기부터 14세기까지 캄보디아를 지배했던 크메르 왕조가 세운 왕실 사원이다. 대표적인 사원이 앙코르와트와 앙코르톰. 앙코르(Ankor)는 왕도를 뜻하고 톰(Thorm)은 거대함을, 와트(Wat)는 사원을 뜻한다. 그래서 앙코르톰은 거대한 왕국이라는 뜻으로 국가적인 역량을, 앙코르와트는 크메르 왕조의 종교적인 역량을 나타낸다. 소도시만한 면적에 수십 가지의 유적들이 산재해 있는데, 이 중에서도 앙코르와트와 앙코르톰, 타프놈과 프놈 바켕은 앙코르 유적 중 꼭 들러야 하는 필수 유적들이다.

앙코르 유적 중 가장 좋아하는 유적은 앙코르톰으로, 이 유적은 한 변의 길이가 3km 정도 되는 정사각형으로 만들어져 있다. 앙코르톰을 특별히 가슴에 담고 있는 이유는 바이욘 사원 때문이다. 처음 바이욘을 대했을 때, 온몸에 전율이 흘렀다. 어찌할 바를 몰라 하며 한참 동안 그저 눈만 똥그랗게 뜨고 바이욘 상을 쳐다보기만 했다. 상상 이상의 규모와 놀라운 세밀함은 여행자의 마음을 한순간에 송두리째 빼앗아 버린다. 바이욘 사원은 사면이 얼굴인 큰 조각들 수백 개가 정렬돼 있는 거대한 탑으로, 앙코르톰을 만든 자야바르만 7세가 인자한 웃음을 지으며 여행자들을 내려다보고 있다. 바이욘 상의 다양한 표정들이 수백 년 동안 한 자리를 지켜왔을 것을 생각하면, 짧디 짧은 인간의 한 생이 덧없이 느껴지기도 한다.

앙코르톰에는 바이욘 사원과 함께 바푸온 사원, 코끼리 테라스 등의 유적지가 있다. 중앙 축을 중심으로 4개의 구역으로 나뉘어 있는데, 이 4구역은 각각 불교 우주론의 소우주를 상징한다고 한다.

앙코르톰과 쌍벽을 이루는 앙코르와트에 들어가면 세계의 중심인 수미산이 한눈에 들어온다. 길 양쪽에는 거대한 나가(인도 고유의 뱀 신앙에서 형성된 사신)가 있고 바다를 의미하는 거대한 해자가 펼쳐 있다. 왼쪽에는 연못이 있는데, 이 연못 앞에서 사진을 찍으면 연못에 비친 앙코르와트를 배경으로 한 황홀한 사진을 찍을 수도 있다. 사원 안으로 들어가면 사원 전체에 새겨져 있는 압살라 부조에 다시 한 번 놀라게 된다. 과거에 캄보디아 사람들이 살던 생활상과 그들의 소망, 역사가 그대로 녹아들어 있다.

이 외에도 멋진 열대 평원을 보기 안성맞춤인 프레룹, 사원 위로 실크코튼 나무가 뿌리를 내리고 있는 신비스러운 타프놈, 자야바르만 왕의 욕조였다는 스라스랑, 일몰을 보기 위해 여행자들이 집합하는 프놈바켕까지 앙코르와트에는 역사의 기록들이 생생하게 살아 있다.

바이욘 상의 신비로운 미소와 앙코르와트의 웅장함, 울창한 밀림 속에서 만난 역사 속 또다른 세상은 앙코르와트를 떠난 후에도 계속 아른거린다.

Location | 캄보디아의 수도 프놈펜과 앙코르와트가 있는 시엠립까지 가는 직항 노선이 있다. 약 5시간 소요. 하지만 많은 배낭 여행자들이 태국 방콕을 통해 들어간다. 버스를 통해 들어가면 8시간 정도 걸린다.

Currency | 단위는 리엘(CR)로, 1달러 = 4050리엘. 달러를 일반적으로 쓰기 때문에 달러로 바꿔 가면 된다. 앙코르와트 입장료도 달러로 계산한다. 그러나 현지인들이 이용하는 시장에서 물건을 사려면 환전을 하는 것이 좋다. 호텔이나 게스트하우스에서 쉽게 환전할 수 있다.

Time difference | 우리나라보다 2시간 늦다.

Visa | 비자가 필요하다. 관광 비자를 받는 데는 보통 이틀이 걸리며, 비자 유효 기간은 3개월이다. 한번 입국하면 30일간 체류가 가능하고 비자 발급료는 3만 원.

세계문화유산 05
세상에서 가장 아름다운 사막,
나미비아 나미브 사막

나미비아는 아프리카의 다양한 아름다움을 간직한 나라다. 세상에서 가장 아름다운 일출과 일몰을 품고 있을 뿐만 아니라 아프리카 원시의 모습을 그대로 간직하고 있다. 아마 안젤리나 졸리가 나미비아에서 브래드 피트의 아이를 낳지 않았다면, '나미비아' 라는 나라가 있다는 사실조차 모르는 이들이 대부분이었을 것이다. 그렇게 생소한 남부 아프리카의 조용한 나라, 나미비아에 수많은 놀라움이 숨어 있을 줄 나 역시 미처 몰랐다.

나미비아에는 동물들이 마음껏 뛰놀고 있는 멋진 이토샤 국립공원이 있다. 그뿐인가. 사막과 대서양 사이에 있는 멋진 해안 '스켈리튼 코스트', 전통을 지키며 살고 있는 힘바 부족까지 아프리카에 대해 기대하는 모든 것을 한 자리에서 볼 수 있다.

이런 아름다움 중에서도 나미비아를 최고로 만들어 주는 것은 모래언덕 '듄45'이다. 나우클루프트(Naukluft) 국립공원 안에 있는 듄45는 얼핏 봐서는 평범해 보이는 언덕이지만, 그곳에서 보는 일출과 일몰은 세상에서 가장 아름답고, 특별하다.

이른 새벽 차가운 새벽 공기를 가르며 일출을 보기 위해 모래언덕 정상에 오르는 길은 보기보다 만만치 않다. 그러나 듄45의 정상에 오르면 왼쪽에서는 달이 서서히 지고 오른쪽에서는 해가 찬란하게 떠오르는 경이로운 광경을 만날 수 있다. 아무도 보지 않는 동안에도 수천 년을 그렇게 이어져 왔을 사막과 자연의 아름다움이 가슴을 파고든다. 달이 지는 세상의 보랏빛과 해가 뜨는 세상의 오렌지 빛의 대조가 얼마나 아름다운지.

나우클루프트 국립공원에서 만나는 또 하나의 놀라운 광경은 '데드플라이' 다. 데드플라이에는 마치 가뭄이 든 것처럼 쩍쩍 갈라져 있는 바닥 위로 해골처럼 앙상한 가지만 남은 나무들이 서 있다. 해괴한 그림 속에 들어와 있는 것은 아닌지, 아니면 이곳이 꿈 속인지 헷갈릴 정도로 몽환적인 풍경이다. 데드플라이의 '플라이' 는 아프리카어로 '물웅덩이' 란 뜻으로, 사막처럼 펼쳐진 이곳이 수천만 년 전에는 물웅덩이였다고 한다. 그런데 세월이 흐르면서 물이 모두 말라 버려 호수 밑바닥이 그대로 드러난 채 나무들은 그대로 말라 버린 것이다. 그야말로 데드플라이의 풍경은 '죽음' 을 주제로 한 작품 같다.

'아프리카의 마지막 남은 황무지' 라고 불리는 나미비아의 오지 카오카랜드에 가면 아프리카 전통을 그대로 간직하고 사는 힘바 여인들도 만날 수 있다. 야성미 넘치는 가죽 치마를 입고 진흙으로 온몸을 치장하는 힘바 여인들의 생활을 보면 세상을 살아가는 방식에는 여러 가지가 있다는 것을 새삼 느끼게 된다.

나미비아의 보물 중 하나는 이토샤 국립공원. 아프리카에서는 세렝게티나 마사이마라 국립공원에 버금가는 국립공원으로 기린을 시작으로 수백 마리의 얼룩말 무리, 사이좋게 다니는 코끼리 가족, 멋진 뿔을 가지고 도도한 자태로 서 있는 임팔라, 형형색색의 깃털을 가진 새까지 다양한 동물들을 만날 수 있다. 동물이 주인인 이토샤 국립공원에서 사람은 그저 작은 조연일 뿐이다.

새로운 세상을 만난 기쁨과 기대하지 못한 즐거움으로 하루하루가 새로운 곳이 바로 나미비아다.

Location | 인천에서 홍콩, 요하네스버그를 거쳐 나미비아의 수도 빈트후크로 들어간다. 캐세이퍼시픽 항공이 인천에서 요하네스버그까지 홍콩 경유 노선을 운행하고 있으며, 요하네스버그에서는 남아공 항공을 이용하면 된다.

Currency | 1달러 = 8N$(나미비안 달러). 남아프리카공화국의 랜드가 쉽게 통용된다. 나미비안 달러와 남아프리카공화국 랜드는 현지 은행에서 바꿀 수 있다.

Time difference | 한국보다 7시간 늦다.

Visa | 비자가 필요하다. 국내에서는 받을 수 없고 주변 국가에서 받을 수 있다. 가장 많은 여행자들이 이용하는 곳이 케이프타운. 케이프타운에 있는 나미비아 대사관에서 비자를 받을 수 있으며, 3박 4일 정도 걸린다.

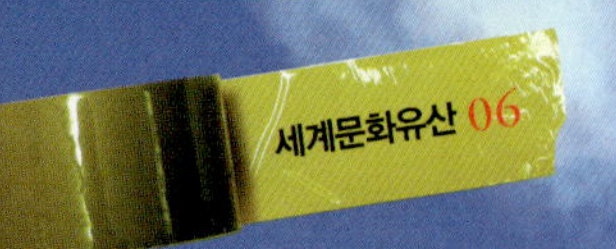

신이 빚은 조각품 전시장,
칠레 토레스 델파이네 국립공원

서 있는 것만으로도 바람이 가슴으로 파고드는 '바람의 땅' 파타고니아. 우리나라의 11배나 되는 광활한 대지에 끝없는 평원이 펼쳐 있는 곳. 평원을 달리다 만나는 반짝이는 호수와 조각전이라도 열린 듯 차례로 서 있는 멋진 산들은 파타고니아가 아니면 만날 수 없는 아름다움이다. '파타고니아에 가 보기 전에는 세상의 아름다움에 대해 이야기하지 말라' 고 할 정도로 파타고니아는 자연의 위대함 이상의 에너지를 품고 있다.

남아메리카 대륙의 남위 37도 이남 지역을 통틀어 파타고니아라고 부르지만, 파타고니아가 행정구역상 명칭은 아니다. 파타고니아는 칠레와 아르헨티나 두 나라에 걸쳐 있다.

파타고니아에서도 최고의 절경으로 꼽히는 곳은 '토레스 델 파이네(Torres del Paine)' 국립공원이다. '파이네의 탑'이라는 뜻을 가진 이 국립공원에는 화강암으로 빚어진 2000m 이상의 고봉들이 즐비하다. 특히 양뿔 모양의 거대한 봉우리는 토레스 델 파이네 공원의 트레이드 마크. 거대한 봉우리에 살포시 앉아 있는 눈과 바람을 머금은 초원, 그리고 그 초원을 가득 메운 회색빛 덤불과 풀밭들은 무뎌 있던 촉수를 톡톡 건드린다. 뿔 모양의 설산도 멋지지만 문득 만나게 되는 옥빛 찬란한 호수와 익숙치 않은 야생동물들을 만나는 재미도 쏠쏠하다.

토레스 델 파이네 국립공원에 가기 위해서 칠레의 푸에르토 나탈레스에 머문다. 푸에르토 나탈레스에서 토레스 델 파이네 국립공원까지는 버스로 약 1시간 30분이 걸리는데, 시간이 없는 여행자들은 푼타아레나스에서 머물면서 토레스 델 파이네 공원에 다녀오기도 한다.

워낙 광활한 공원이기 때문에 공원 안에는 여러 개의 길이 있다. 가장 많이 이용하는 길은 차를 타고 100km에 이르는 횡단로를 따라 돌아보는 길이다. 그 횡단로만 따라 가더라도 토레스 델 파이네 속의 폭포와 호수, 빙하들로 이루어진 비경을 만날 수 있다.

토레스 델 파이네 국립공원 여행의 시작은 밀로돈 동굴, 쿠에바 델 밀로돈에서다. 이 동굴은 선사시대 원시의 흔적이 남아 있는 곳으로, 높이 30m, 깊이 200m에 달하는 동굴에 3m 키에 몸무게가 1,000kg에 달하는 '밀로돈'이라는 동물이 살았다고 한다. 밀로돈 동굴을 지나면 본격적인 토레스 델 파이네 국립공원으로 들어서게 된다. 지대가 높아 추운데다 왕관처럼 서 있는 고봉 위에는 만년설이 뒤덮여 있어 온몸이 움츠러든다.

그러나 그것도 잠시. 멋진 초원과 뛰어노는 동물들을 따라다니다 보면 금세 몸도 마음도 편안해진다. 에메랄드 물빛을 자랑하는 페오에 호수에 잠시 서서 멀리 설봉들을 바라보고 있노라니, 어디에선가 날아온 콘도르가 머리 위로 날고 있다. 신령스러운 새, 콘도르. 공원 속으로 한걸음씩 다가갈수록 수직으로 솟아 있는 3000m가 넘는 고봉들이 가까이 다가온다. 그 장엄함에 놀라 잠시 움직이지 못하고 움찔거린다. 화강암 덩어리인 그 고봉 주위를 달리다 보면 미친 듯 불어 대는 바람을 맞을 수 있는 살토 그란데에 닿는다.

살토 그란데는 수만 년을 쉬지 않고 내뿜었을 넘치는 에너지의 폭포와 작은 호수, 그리고 그 위로 살그머니 떠 있는 작은 무지개, 그 모든 것을 내려다보며 품고 있는 산들을 한 자리에서 볼 수 있는 곳으로 그곳에 서 있는 것만으로도 마치 SF 영화에 들어와 있는 듯한 느낌이 든다. 바람이 너무 세서, 모자나 가방은 물론이고 온몸이 통째로 날아가 버릴 것만 같다. 3~4세쯤 돼 보이는 꼬마 둘을 데리고 온 아르헨티나인 부부는 아이들이 넘어지지 않게 붙잡느라고 바람만큼이나 분주하게 움직인다.

폭포에서 내려와 서쪽으로 이동을 계속한다. 오른쪽으로는 푼타 바리로체, 쿰브레 센트럴, 쿰브레 프리시펄, 쿰브레 노트르 등 해발 3000m를 오르락내리락하는 봉우리들이 위풍당당하게 펼쳐진다. 장엄한 풍경에 놀라워하며 좀더 깊이 들어가면, 토레스 델 파이네의 살아 있는 매력, 빙하가 나타난다. 토레스 델 파이네 국립공원 안에는 빙하만 12개가 살아 있다. 길이 6km, 두께 30m에 달하는 그레이 빙하는 12개의 빙하 중에서 가장 유명한 빙하다. 그레이 빙하에 가면 빙하의 규모와 색에 놀란다. 구름이 낀 날이 많아, 멀리 보이는 빙하의 색은 회색으로 보인다.

빙하와의 조우는 그레이 빙하에 오는 길에 만났던 뾰족 산들을 다시 보게 만든다. 그 산들 역시 빙하가 사라지면서 만들어진 훈장 같은 것들이다. 인간이 경탄해 마지않을 자연의 섭리와 역사가 고스란히 토레스 델 파이네에 담겨 있다.

Location | 칠레까지 가는 직항편은 없다. 미국 로스엔젤레스와 페루 리마를 경유해 푼타아레나스까지 간다. 미국 비자가 없는 이들은 뉴질랜드에서 비행기를 갈아타는 것이 낫다.

Currency | 칠레의 화폐 단위는 페소이다. 1000페소 = 약 2000원.

Time difference | 한국보다 13시간 늦다. 10~3월 서머타임 적용 기간에는 12시간 늦다.

Visa | 비자는 별도로 필요하지 않다.

Tip | 바람이 많이 불기 때문에, 바람을 막을 수 있는 윈드브레이커를 준비하는 것이 좋다. 산을 트레킹하기 위해서는 등산화도 필수.

세계문화유산 07
중국의 천혜절경을 엿보다,
중국 계림

굽이굽이 흐르는 강을 따라 줄지어 서 있는 기기묘묘한 산들. 중국 계림을 대표하는 풍경이다. 고대 시인들부터 미국 클린턴 전 대통령까지 그 아름다움에 빠져 시대와 세대를 초월해 감탄사를 연발했던 중국 계림. 중국 사람들마저 죽기 전에 꼭 한 번 가 보고 싶다는 곳이 바로 이곳이다.

계림에서 만나는 첫 번째 풍광은 이강. 깎아지른 절벽 아래로 유유자적 흐르는 이강의 기품은 신선의 그것과 비교해도 뒤지지 않는다. 세월의 흐름까지 간직하고 있어 이강 위에 서면 누구나 태고의 포근함과 넉넉함을 안을 수 있다.

여기에 개성 만점의 산들이 계림만의 재미를 더해 준다. 낙타 등처럼 생긴 산, 파도가 굽이치는 것처럼 보이는 언덕, '산(山)' 자 모양의 산 등 각양각색이다. 벨벳처럼 드리워진 숲, 쳐다보는 것만으로도 베일 것 같은 날카로운 바위, 모양과 느낌도 천차만별이다.

계림을 비행기에서 내려다보면 마치 부엌 찬장을 들여다보는 기분이 든다. 밥공기를 엎어 놓은 것처럼 생긴 올망졸망한 산들이 자잘하게 늘어서 있기 때문이다. 계림의 산들은 그다지 높지 않아서 해발 100m 정도의 동산이 대부분인데, 오르기 위해 존재하는 산이 아니라 더욱 편안하다. 계림에는 이런 산들이 3만 6000봉이나 펼쳐 있다. 계림이 속해 있는 광서 자치구로 본다면 10만 봉이 넘을 정도다.

계림의 재미있는 지형은 수많은 세월의 풍화를 거쳐 생긴 것인데, 3억6000만 년 전에 바다였던 이곳에 1억5000만 년 전 지각 변동이 생겨 수만 개의 봉우리와 낭떠러지가 만들어졌다고 한다.

'계림'이라는 지명은 '계수나무 꽃이 흐드러지게 피는 곳'이라는 의미로, 이 지역에 계수나무 꽃이 많아서 붙은 이름이다. 특히 음력 8월 즈음에는 계수나무 꽃이 활짝 펴 아름다운 자태를 뽐낸다.

계림 여행의 핵심은 이강 유람에 있다. 맑디맑은 물에 비친, 자유롭게 생긴 산들을 바라보며 신선한 공기를 마시다 보면 가슴 속 깊은 답답함은 어디론가 사라진다. 안개 자욱한 산과 여유롭게 노를 젓는 어부가 만들어낸 풍경은 서정적인 그림과 같다.

계림에서 차로 30분 거리에 있는 양수오 현은 유람선에서 보는 것과는 다른 맛을 보여 준다. 힘차게 자전거 페달을 밟는 사람들과 바쁘게 움직이는 시장통 모습이 모두 그림 같은 자연을 배경으로 펼쳐진다. 자연과 삶의 생동감 넘치는 조화가 아름답게 느껴진다.

양수오에서 빠뜨리면 안 되는 관광지는 '은자암'으로 수만 년의 세월 동안 지하 세계에서 찬란한 은빛을 발한 이곳에 들어가면 마치 유명 작가의 조각전에 초대받은 기분이 든다. 신기한 종유석이 천지에 깔려 있고 형형색색의 조명에 비치는 자연의 모습은 그 끝이 어디인지 모를 정도다. 은자암과 함께 계림을 대표하는 관암동굴은 이강 유람선을 타고 가다 중간에 만나는데, 동굴 안에 엘리베이터와 모노레일, 배와 기차까지 만들어져 있을 정도로 거대한 규모를 자랑한다.

계림 시에도 볼거리는 풍성하다. 계림시 한복판에 있는 인공호수 량강쓰호의 야경은 이강 유람만을 기대하고 왔던 관광객들을 더욱 놀라게 한다. 호수 주변의 건물에 던져지는 조명이 만들어 내는 화려한 멋은 계림의 밤을 더욱 환상적으로 만들어 준다.

Location | 중국 남방 항공과 아시아나 항공이 인천~계림 간 직항 노선을 운행하고 있다. 3시간 30분 걸린다.

Currency | 1위안(CNY) = 159.47원, 1달러(USD) = 7.35위안(CNY).

Time difference | 한국보다 1시간 늦다.

Visa | 비자가 필요하다. 발급 비용은 발급 기간에 따라 요금이 달라진다. 급하면 당일에도 받을 수 있다. 9만5000원.

?
Just Ask

여자 혼자 해외여행할 때 꼭 알아둬야 할 팁

혼자 여행 가면 위험하지 않나요? 남녀노소를 막론하고 가장 많이 던지는 질문이 바로 이 질문이다. 훌쩍 혼자서 떠나고 싶지만 겁이 나 발길을 떼지 못하는 이들을 위해 몇 가지 알아두면 도움이 될 만한 팁을 소개한다.

비상약은 꼭 챙겨라

혼자 여행하면서 가장 서러울 때는 아플 때다. 아프지 않게 몸 컨디션을 조절하는 것이 우선이고 만약 아프게 되었을 때 스스로 치유할 수 있는 방법을 찾는 것이 중요하다. 두통약과 소화제, 그리고 밴드와 항생제 등은 기본적으로 챙겨 가고 여행지에 따라 말라리아 예방약 등을 별도로 준비하자.

낯선 남자를 너무 믿지 마라

여기에는 이견이 많다. 호의를 베풀어 준 사람들 덕분에 여행이 더 풍성해진 경우도 있고 그 반대로 여행이 망가진 경우도 있기 때문이다. 상황에 따라 잘 판단하는 것이 중요하다.

현지에서 동행을 찾자

혼자 여행을 떠난다고 해서 처음부터 끝까지 혼자 여행을 다니는 것은 아니다. 혼자 여행을 떠나는 장점은 혼자이고 싶을 때는 혼자 여행하고 함께 여행하고 싶을 때는 현지에서 동행자를 찾을 수 있다는 점이다. 세계 여러 나라에서 온 친구들과 함께 여행하는 것도 특별한 즐거움을 준다. 동행을 찾기 좋은 장소는 게스트하우스. 게스트하우스 게시판을 자주 살펴본다거나 식사하면서 대화를 나누다 보면 자연스럽게 함께 여행할 친구를 만날 수 있을 것이다.

'책임 여행'을 하자

여행의 중요한 본질 중 하나가 '일탈'이 주는 즐거움에 있지만, 여행할 때 꼭 유념해야 할 것이 '책임 여행'에 관한 것이다. 여행자에게는 현지 문화와 환경을 보호하고 그 사람들을 존중할 책임이 있는데, 이것을 '책임 여행'이라고 한다. 기왕이면 식당이나 호텔도 다국적 기업보다는 현지 기업이 운영하는 곳을 이용하고 기념품을 살 때도 현지 경제에 도움이 될 만한 것들을 고르자.

비상연락처를 꼭 챙기자

여행을 하다 보면 어떤 일이 생길지 모른다. 만일을 대비해서 비상 연락처를 꼭 알아둔다. 여행 중 소매치기를 당하거나 다치는 등 좋지 않은 일이 발생했다면, 푹 쉬는 게 필요하다. 계획표에 세워진 일정은 뒤로 미뤄 버리고 충분히 휴식을 취하는 것이 가장 중요하다.

1. 환경을 파괴하지 않는 여행	6. 현지인과 친구가 되는 여행
2. 동식물을 해치지 않는 여행	7. 현지의 문화를 존중하는 여행
3. 매춘을 하지 않는 여행	8. 감사하는 여행
4. 지역에 도움이 되는 여행	9. 기부하는 여행
5. 윤리적으로 소비하는 여행	10. 행동하는 여행

By 이매진 피스

and can fathom all mysteries and all knowledge
move mountains but have not love I am nothing
poor and surrender my body to the flames
have the gift of prophecy and can fathom all mysteri
have a faith that can move mountains but have
boast It is not proud and surrender my bo
give all It essest to the poor and love is patient love
have not love I gain nothing love is patient love
does not envy it does not boast It is not proud
is not rude it is not self seeking It is not easily a

PART 6 춤과 음악을 만나는 열정여행

신과의 합일, 이집트 카이로의 수피 댄스

열정을 가지고 뭔가에 집중하다 보면 누구나 몰입의 순간을 맞이하게 된다. 『몰입의 즐거움』의 저자 칙센트 미하이는 삶이 고조되는 순간 행동이 자연스럽게 이루어지는 느낌이 몰입이라고 말한다. 이집트 카이로에서 '몰입' 이란 단어의 정의를 눈앞에서 보게 될 줄이야. 수피즘을 믿는 이들이 신과 합일을 이루기 위해 추는 수피댄스. 신비주의자들이 말하는 '무아경' 이다.

수피(Sufi)는 원래 이슬람 신비주의자들을 부르는 말로, 수피댄스는 종교적인 수련의 의미가 담겨 있는 춤이다. 네이(갈대 피리)와 북 장단에 맞춰서 끊임없이 돌고 또 도는 것이 수피댄스의 처음이자 끝이다. 놀라운 것은 이 춤이 몇 시간이고 지속된다는 것. 불교로 말하면 좌선이나 면벽수행에 비교할 수 있지 않을까. 그들은 수피댄스를 통해 신과 소통할 수 있다고 믿는다. 춤을 추면서 자신의 존재를 잊고 알라와 합일을 이룰 수 있다고 생각하는 것. 그야말로 독특한 수행법이다.

수행법뿐만 아니라 의상도 독특하다. 터키의 수피댄스는 큰 원통 모자를 쓰고 하얀색 치마를 입는데, 이집트의 수피 댄스는 원색으로 치장한 치마를 입는다. 이집트에서는 이 춤을 치마춤(탄누라)이라고 부르기도 한다.

카이로에서 수피댄스로 유명한 곳은 12세기 살라딘 와에 의해 지어진 시타델. 이곳에서 펼쳐지는 수피댄스는 이슬람의 독특한 종교 의식을 경험할 수 있다는 점 때문에 여행자들에게 인기가 많다.

수피댄스가 시작하기 전 여러 악사들이 나와 분위기를 먼저 띄운다. 단순한 예술 공연이 아니라 종교 의식의 하나이므로, 악사들 또한 시종일관 경건한 분위기를 유지한다. 시간이 지날수록 그들은 열정적인 자신들의 연주에 스스로 빠져든다. 그 중에서도 가장 인상적인 연주자는 캐스터네츠 아저씨. 비록 뒤에서는 보이지 않을 정도로 작은 악기를 연주하지만 자신의 연주에 완전히 몰입한 모습은 이슬람하고 전혀 관계없는 관객들의 마음까지도 경건하게 만든다.

시간이 어느 정도 흐르면 하이라이트인 수피댄스가 등장한다. 댄서는 폭이 아주 넓은 알록달록한 치마를 입고 서서히 돌기 시작한다. 마치 회전목마가 도는 것 같다. 10kg도 넘어 보이는 그 치마는 한 겹이 아니다. 여러 겹의 치마를 입고 춤을 추기 시작해서 음악에 맞춰 하나씩 벗는다. 중요한 것은 그들의 시선이다. 한자리를 회전한 지 30분이 넘어가면서부터 그의 눈은 이 세상을 바라보고 있지 않다. 정말 그는 신을 만나고 있는 것일까.

제자리를 팽이 돌듯이 1시간 이상 춤추고 있는 모습을 보면 놀라움을 금할 길이 없다. 수피댄스를 추기 위해 이들은 발가락 두 개로 못을 잡고 빙글빙글 도는 연습을 할 정도라고 한다. 수피댄스를 추기 위해 얼마나 많은 시간 동안 훈련을 거듭했을까.

수피댄스는 '춤을 통해 신을 만나는 것'이라고만 알고 있었는데, 그들의 공연과 훈련하는 이야기를 듣다 보니, 역시 신과 만나는 일은 시련과 고난을 거치고 또 거쳐야 되는 쉽지 않은 길이라는 생각

이 들었다. 그리고 신을 향한 그들의 열정과 노력이 그저 그렇게 하루

를 보내고 있는 일상에 일침을 가하는 듯했다.

Location ｜ 대한 항공에서 카이로까지 주 3회(월·수·금) 오후 9시 30분 출발. 대한 항공 외에도 이집트 항공이나 터키 항공에서 런던, 모스크바, 방콕 등 다른 도시를 경유해 카이로까지 운행한다.

Currency ｜ 1이집트파운드(EGP)는 201.32, 1달러(USD) = 5.52이집트파운드(EGP).

Time difference ｜ 한국보다 6시간 늦다.

Visa ｜ 이집트 공항에서 직접 비자를 발급받을 수 있다. 비용은 15달러.

Tip ｜ 이집트는 4~10월이 여행하기에 알맞다. 지중해성과 아열대성의 비교적 따뜻한 기후지만, 여름철을 피해 여행하는 것이 좋다.

수피댄스를 보려면 시타델까지 택시를 이용하는 것이 편하다. 매주 수요일과 토요일 저녁 8시에 공연이 있다. 공연은 약 2시간에 걸쳐 이어지며 무료다.

카이로에서 꼭 맛봐야 할 것은 망고 주스. 1천 원 정도면 신선하고 맛있는 망고 주스를 마음껏 맛볼 수 있다.

삶의 기쁨과 슬픔이 깃든 열정의 춤,
스페인 그라나다의 플라멩코

스페인은 플라멩코의 나라다. 적어도 나에겐 그렇다. 투우와 태양, 스페인의 다른 멋진 아이콘도 많지만 플라멩코에는 미치지 못한다. 집시들의 열정과 그들의 삶이 담겨진 플라멩코, 떠돌이의 애환이 스며 있는 춤, 삶의 기쁨과 슬픔을 몸으로 표현한 예술. 플라멩코는 설명 따위가 필요 없다. 아무것도 모르더라도 딱 한번, 플라멩코의 매력을 직접 느껴 보면 된다.

플라멩코가 처음 생긴 것은 15세기 스페인 남부의 안달루시아 지방에서였다. 동굴을 옮겨다니며 살던 집시들은 그들의 삶을 담은 음악과 춤을 만들었다. 그 터전이었던 곳이 바로 스페인의 그라나다와 세비야.

플라멩코의 구성 요소는 노래와 춤, 연주다. 처음에는 노래와 손뼉치기가 주요 연주 수단이었고 기타와 발 구르기는 나중에 추가된 것이다. 특별한 악기는 없어 보이지만, 그들의 연주와 춤은 세상에서 유일무이한 예술작품을 만들어 낸다.

공연을 보면서 숨이 끝까지 넘어갈 것 같다면 그 느낌이 전해질까. 그렇게 감동을 줄 수 있는 것은 플라멩코 속에 기쁨과 슬픔, 사랑과 미움, 인생의 면면이 담겨 있기 때문이지 않을까. 한 번씩 격정적으로 방향을 트는 고개 짓하며 수직으로 꺾는 손짓, 힘차게 마닥을 구르는 사빠떼아도까지 보는 이의 심장은 그들의 손짓 하나에 발짓 하나에 두근두근거린다.
그라나다에서는 알바이신의 사크로몬테 언덕에 있는 집시들의 플라멩코가 유명하다. 동굴 속을 개조해서 만든 곳에서 강렬한 리듬의 플라멩코를 맛볼 수 있다. 알바이신은 이슬람 교도들이 마지막까지 숨어 지내던 도피처로, 이슬람 국가에서 쉽게 볼 수 있는 좁디좁은 골목들이 이어져 있다. 다른 유럽 국가에서는 찾아볼 수 없는 이슬람과 유럽의 오묘한 조화가 알바이신 지역의 또 다른 매력이기도 하다.

세계문화유산으로 꼽히는 그라나다의 알함브라 궁전도 이슬람의 색을 진하게 품고 있는 유적이다. 알함
브라 궁전은 인간이 얼마나 섬세한 건축물을 만들 수 있는지를 보여 준다. 알
함브라 궁전이 만들어진 것은 13~14세기 이슬람의 무어 왕조 때. 알함브라 궁전은 이슬람 전통 양식을 따
르고 있어 아라베스크 문양과 코란의 글귀들이 여기저기에 장식되어 있다.

알함브라 궁전에서도 특별히 아름다운 곳은 여름 정원 헤네랄리페다. 입구에서부터 사이프러스 나무에 둘
러싸인 길이 죽 뻗어 있어 마음까지 시원해진다. 헤네랄리페가 유명한 이유는 밝은 햇빛에 반짝이는 분수
와 물 때문이다. 정원 한가운데에 장식된 분수의 물방울 소리는 청량하기 이를 데 없고 물에 비친 정원의
반영을 바라다보면 그저 멜랑콜리해진다.

분수를 바라보며 앉아 있다 보면 맹인 작곡가 로드리고의 '알함브라 궁전의 추
억'이 떠오른다. 절제된 슬픔을 담고 있는 기타 곡에는
기독교인들에게 나라를 내준 마지막 이슬람 왕조의 애
잔함이 묻어 있는 듯하다.

플라멩코 댄서의 무서우리만큼 빛나는 눈동자와 동작, 그리고 '알함브라
궁전의 추억'을 만들었던 맹인 작곡가 로드리고를 떠올리며 열정을 표현
하는 방식이 참으로 다양하다는 생각을 해 본다.

ARGENTINA

Caminito
ARGENTINA
ARGENTINA

Caminito
ARGENTINA
ARGENTINA

Tango
ARGENTINA
Carlos Gardel
ARGENTINA

OCEANO PACIFICO
CHILE
OCEANO ATLANTICO
CAMINITO
LA BOCA
ISLAS MALVINAS
ARGENTINA

Tango
ARGENTINA
Carlos Gardel
ARGENTINA

'TANGO
en
CAMINITO
Buenos Aires - ARGENTINA

TANGO

영혼의 춤,
아르헨티나 부에노스아이레스의 탱고

부에노스아이레스는 남미의 장미다. 부에노스아이레스는 남미에서 가장 화려하고 쉬크한 도시다. 부에노스아이레스를 그렇게 만든 가장 큰 공신은 바로 탱고. 절도 있고, 동작 하나하나에 열정이 녹아 있는 탱고. '춤추는 슬픈 감정' 이라고도 불리는 탱고는 아르헨티나 사람들에게 소중한 문화이자 재산이다.

탱고는 19세기 말 부에노스아이레스의 서민층으로부터 생겨났다. 리아추엘로 강 옆에 위치한 알록달록한 동네, 보카 지구가 탱고의 발상지. 바로 이곳에서 아르헨티나로 육체노동을 하러 흘러들어 온 유럽의 이방인들은 그들의 아픔과 절망과 외로움을 나누고, 이것을 애절한 가락으로 표현하기 시작했다. 그것이 탱고의 시작이다.

우리들은 대부분 탱고를 춤으로 알고 있지만, 탱고는 단순한 춤이 아니라 노래와 연주가 복합된 장르다. 처음에는 변두리의 댄스 음악으로 경시되다가 훌륭한 연주자들이 나오면서 음악으로까지 발전한 것이다.

초기에는 바이올린과 플루트, 아코디언, 클라리넷 등의 악기로 탱고음악을 연주했으나 1910년부터는 악단이 생겨나 반도네온(아코디언의 일종으로 탱고 음악 연주용으로 사용되는 악기)을 필두로 한 피아노, 베이스, 바이올린으로 바뀌게 되었다.

탱고의 메카답게 부에노스아이레스에서 탱고를 만나는 일은 어렵지 않다. 부에노스아이레스에 있는 유서 깊은 상설 극장에서는 매일 밤 탱고 쇼가 펼쳐지고, 거리에서는 즉석 공연이 이어진다. 길거리에서 맛보는 것에 그칠 것인지, 매일 땅게리아(탱고를 볼 수 있는 바)를 순례할 것인지, 아예 탱고 아카데미에 등록해 탱고에 푹 빠질 것인지만 결정하면 된다.

TANGO BAR

어디에서든 탱고를 보다 보면 넋을 놓고 만다. 조명에 빛나는 반도네온과 그 울림, 빨간 드레스를 입은 도도한 댄서와 중절모를 쓴 남자의 애타는 표정. 몸이 어떻게 저렇게 돌아갈 수 있을까 싶을 정도로 유연하면서 힘 있는 다리로 남자의 허리를 휘감고 푼다. 또 남자에게 몸을 맡기고 바닥에 닿을 것처럼 쓰러지는 동작과 그 와중에도 뚫어져라 쳐다보는 시선은 절박함과 열정을 전한다.

탱고를 공짜로 볼 수 있는 곳도 있다. 산텔모의 도레고 광장. 산텔모의 도레고 광장에서는 주말마다 벼룩시장이 열리는데, 그 곳에서 프로와 아마추어들의 탱고 공연을 자유롭게 감상할 수 있다. 또 탱고의 발상지로 알려진 보카 지구 역시 주말에 가면 거리에서 화려한 탱고 공연을 만날 수 있다. 플로리다 거리에서도 간단한 탱고 공연을 볼 수 있다.

10달러 내외의 저렴한 가격에 멋진 탱고를 만나고 싶다면, 플로리다 거리에서 가까운 보르헤스 문화센터에서 하는 '탱고 이모션'이라는 공연을 추천한다. 매번 공연 내용이 바뀌기 때문에 보기 직전에 시간표와 내용을 체크해야 한다.

탱고 공연을 계속 즐길 시간도 없고 주머니도 홀쭉하다면 부에노스아이레스의 유서 깊은 카페 또르또니의 공연을 보는 것이 좋다. 탱고의 진중함과 익살스러움이 다 녹아 있는 공연을 만날 수 있다.

Location | 직항편은 없으며, LA를 경유해서 아르헨티나 항공을 이용해서 부에노스아이레스로 이동한다. 한국에서 부에노스아이레스까지는 환승시간을 제외하고 약 16시간 50분이 소요된다.

Currency | 아르헨티나 1페소(ARS)는 약 301원.

Time difference | 한국보다 12시간 늦다.

Visa | 관광이 목적일 경우 90일 간 무비자.

Tip | 탱고를 좀더 즐기고 싶다면 '비에호 알마센'(www.viejoalmacen.com)과 '바 수르'(www.bar-sur.com.ac)라는 땅게리아를 추천한다. '탱고란 이런 것'이라는 느낌을 진하게 안을 수 있을 것이다. 공연 가격은 50달러 내외.

탱고를 더욱 적극적으로 만나고 싶다면, 부에노스아이레스에 도착하자마자 먼저 'BA 탱고'를 찾아보자. BA 탱고는 부에노스아이레스의 탱고에 대한 자세한 정보를 담고 있는 무료 소식지로 공연에 대한 생생한 정보를 볼 수 있다. 여행 정보 센터나 호스텔, 길거리에서 쉽게 찾을 수 있다.

춤과 음악 04
그 붉은 열정을 탐닉하다,
쿠바 하바나의 음악과 사람들

쿠바로 가는 길은 열정을 탐하는 여행이다. 음악, 혁명의 열기, 삶에 대한 애정, 쿠바의 그 어떤 것도 열정을 빼놓고는 이야기할 수 없다. 쿠바, 그 매력 만점의 나라에 발을 딛는 순간부터 여행자는 그들의 열정 속에 녹아들어가고 만다. 올드 하바나의 퀴퀴한 냄새가 나는 오래된 카페에서부터 말레콘을 철썩이는 파도 소리까지 하바나의 구석구석을 돌다 보면 열정의 흔적들을 그대로 따라갈 수 있다.

하바나에서도 제일 먼저 발길이 가는 곳은 올드 하바나. 올드 하바나 가운데에는 성당과 광장, 파스텔 톤의 집들이 그림처럼 이어져 있다. 그곳에 서 있는 것만으로도 내가 마치 흑백 영화 속에 들어간 느낌이다. 지어진 지 수백 년은 된 듯한 건물들이 도시를 메우고 있고 박물관에서 막 튀어나온 것 같은 올드 카가 반짝거리며 거리를 유영한다. 금방이라도 무너질 것 같은 건물 베란다에는 빨래들이 바람에 나부낀다. 화려하지도, 세련되지도 않은데다 오히려 촌스럽기까지 하지만.

올드 하바나의 중심인 오비스포 거리에는 암보스 문도 호텔과 엘 플로리디타라는 바가 있다. 하바나에서 열정을 불태운 세계적인 문호 헤밍웨이의 자취가 남아 있는 유서 깊은 곳이다. 하바나와 사랑에 빠진 헤밍웨이는 암보스 문도 호텔에서 7년 동안이나 글을 쓰며 살았다. 밤이 되면 엘 플로리디타와 라 보데기타를 돌아다니며 칵테일 '다이퀴리'와 '모히토'를 즐겼다. 그의 대표적인 소설 『노인과 바다』도 하바나에서 조금 떨어진 고히마르 마을이 주 무대. 헤밍웨이가 살았던 곳을 박물관으로 꾸민 헤밍웨이 박물관에서는 자유와 낭만을 사랑했던 그가 남겨 놓은 유품들을 볼 수 있다.

하바나에는 또다른 인물이 있다. 전세계 젊은이들에게 위대한 우상으로 남아 있는 체 게바라. 그의 쿠바에 대한 사랑과 열정 역시 헤밍웨이 못지않다. 아르헨티나의 부유한 가정에서 태어났지만 편한 길을 마다하고 쿠바의 자유를 위해 게릴라의 길을 택했던 그의 결단. 쿠바에서는 어디를 가더라도 체의 위대한 전설을 온몸으로 느낄 수 있다.

하바나는 헤밍웨이와 체가 아니더라도 열정에 빠진 사람들을 어렵지 않게 만날 수 있는 도시다. 눈만 뜨면 어디에선가 음악이 흘러나온다. 이곳에는 음악을 하는 사람이 따로 있는 것이 아니다. 모두가 춤을 추고 노래를 부른다. 보통사람들의 특별한 에너지가 담긴 음악과 춤을 어디에서나 만날 수 있는 곳, 바로 하바나이기 때문이다.

하바나에 간다면 주말 시간은 비워 두는 것이 좋다. 영화 〈부에나비스타 소셜 클럽〉의 배경이 되었던 나시오날 호텔에서 매주 주말 멋진 공연이 펼쳐지기 때문이다. 공연 내용과 등장하는 뮤지션은 다르지만 영화의 감동들이 새록새록 살아난다. 영화를 보지 못했다 해도 생이 다하는 날까지 연주하는 뮤지션을 만나고 그들의 음악을 들을 수 있다는 것 자체가 감동이다.

나시오날이 아니더라도 하바나에는 멋진 재즈카페가 넘쳐난다. 5000원 정도만 내면 얼마든지 밤새 재즈에 푹 젖어 있을 수 있다. 하바나의 밤들을 모두 점령했던 재즈 카페들, 떠올리는 것만으로도 가슴이 벅차오른다.

현란한 살사를 보고 싶다면 올드 하바나에 있는 오비스포 거리의 플로리다 호텔에 가 보자. 아프리카 리듬이 강한 쿠바풍 비트를 배경으로 날아갈 듯 경쾌한 스텝을 밟고 있는 사람들을 만날 수 있다. 그러나 그 폭발할 것 같은 열기에 너무 빠지면 안 된다. 중독성이 너무 강하기 때문이다. 집에 돌아와도 환청처럼 귓가를 맴도는 쿠바의 소리와 열기들로 몸이 한동안은 계속 들썩일 테니 말이다.

Location | 가장 일반적인 방법은 멕시코의 칸쿤을 거쳐 가는 것이다. 서울에서 LA나 뉴욕을 거쳐 멕시코 칸쿤으로 간다. 그리고 그곳에서 쿠바 왕복 비행기 표나 여행상품을 이용하면 된다. 중미를 여행 중이라면 과테말라에서도 왕복표를 살 수 있다.

Currency | 여행자가 사용하는 CUC와 현지인이 사용하는 페소가 있다. 쿠바에 들어간 여행자들은 일단 달러나 유로를 공항에 있는 환전소에서 CUC로 바꿔야 한다. 대부분 관광지에서는 CUC를 받는다. 달러를 바꿀 경우 수수료를 20%, 캐나다 달러나 유로는 10% 수수료를 뗀다. ATM을 사용해서 돈을 뽑기는 쉽지 않다.

Time difference | 한국보다 14시간 늦다. 3월 하순에서 10월 상순까지 서머 타임을 실시해 1시간 빨라진다. 그 기간에는 13시간 차이가 난다.

Visa | 한국과 쿠바는 미수교국이기 때문에 쿠바 외교기관이 없다. 멕시코나 과테말라에서 비행기 표를 살 때 여행자 카드라는 것을 함께 구입하게 된다. 여행자카드가 비자와 유사한 역할을 한다.

Tip | 쿠바에서는 여행자 수표나 신용 카드를 사용하기가 어렵다. 신용카드의 경우 미국과 제휴관계가 없는 것만 쓸 수 있지만, 아예 기대하지 않는 것이 좋다.
쿠바는 여행하기에 안전한 편이다. 가는 대로 나시오날이나 재즈 바 프로그램을 받아 보고 어떤 곳이 좋을지 골라보자. 레퍼토리가 바뀌기 때문에, 꼼꼼히 살펴보는 것이 현명하다. 맛있는 먹거리는 크게 기대하지 말자. 그러나 모히토나 다이퀴리 등 색다른 칵테일이 많아 알코올은 마음껏 즐길 수 있다.

춤과 음악 05
표가 없다면 차라리 훔쳐라!
영국 런던의 뮤지컬

런던을 여행하는 이들에는 두 부류가 있다. 뮤지컬을 보는 사람과 뮤지컬을 보지 않는 사람이 그것이다. 실제로 한 기관에서 조사한 결과에 따르면, 1년 간 영국을 방문한 300만 명 중 130만 명, 즉 42%에 달하는 사람들이 뮤지컬을 관람했다. 조금 과장을 더하면 둘 중 한 명은 뮤지컬을 봤다는 이야기니, 이런 분류법이 허무맹랑한 것은 아닌 듯하다.

1990년대 배낭족들이 대영박물관과 런던브리지를 찾아 런던으로 떠났다면, 2000년 후반 여행자들은 웨스트엔드와 런던아이를 상상하며 런던을 향한다. 런던 여행자들의 인기 목적지가 된 웨스트엔드. 그곳이 바로 대작 뮤지컬인 〈오페라의 유령〉과 〈캣츠〉, 〈미스 사이공〉, 〈레미제라블〉, 〈라이언킹〉 등이 만들어진 뮤지컬의 고향이다.

뉴욕의 브로드웨이와 쌍벽을 이루는 웨스트엔드는 레체스터 스퀘어와 코벤트 가든을 두 축으로 만들어진 문화의 중심지다. 100여 개의 공연장과 30여 개의 뮤지컬 전용 극장이 빼곡하게 자리하고 있어, 그저 그 동네를 어슬렁거리는 것만으로도 세계를 흥분시키는 뮤지컬 극장을 대부분 돌아보는 셈이 된다. 마치 브로드웨이에 오프 브로드웨이가 있듯이 웨스트엔드에도 오프 웨스트엔드와 소규모 극장인 프린지가 있지만, **사람들이 가장 많이 모이는 곳은 역시 웨스트엔드. 이곳이야말로 '런던에 싫증이 났다면 인생에 싫증이 난 것이다'라는 18세기 시인 새무얼 존슨의 말에 공감이 가는 곳이다.**

런던의 뮤지컬을 이해하기 위해서는 꼭 알아 둬야 할 인물이 있다. 바로 미다스의 손으로 불리는 앤드류 로이드 웨버. 〈지저스 크라이스트 슈퍼스타〉로 데뷔해 〈캣츠〉, 〈에비타〉, 〈오페라의 유령〉이 모두 그의 손에서 탄생했다. 오늘의 웨스트엔드가 있게 된 중심에는 앤드류 로이드 웨버가 있었다고 해도 과언이 아니다. 그의 작품들은 영국 뮤지컬에 새 힘을 불어넣었고 런던의 밤 문화를 새롭게 창조해 냈다. 그로 인해 뮤지컬은 런던에서 빼놓을 수 없는 관광 상품으로 자리잡게 된 것이다.

상상력을 총동원해 아프리카의 사바나를 무대에 올려놓은 걸작 〈라이언킹〉, 컴퓨터 그래픽을 활용한 무대장치가 특별한 〈우먼 인 화이트〉, 1986년부터 20년 이상 공연하고 있는 〈오페라의 유령〉, 앤드류 로이드 웨버가 학생들의 학기말 학예회용으로 만든 것을 기초로 창작했다는 〈요셉의 꿈과 채색옷〉 등이 웨스트엔드의 밤을 거쳐 갔다. 지금도 〈빌리 엘리어트〉와 〈더티댄싱〉, 〈반지의 제왕〉 등을 비롯한 수십 개의 뮤지컬들이 세계에서 몰려든 여행자들을 감동의 도가니에 빠뜨리기 위해 대기하고 있다.

Les
Misérables
MORE PO
THAN
musical!
20th YEAR
'AFFECTED ME WITH A SE
A STAR PERFORMANCE
EXA

이렇게 뮤지컬의 인기가 높아지면서 티켓을 싸게 파는 척하는 이들이 등장하고 있다. 일단 주의해야 할 것은 반값 티켓 부스. '베스트 프라이스'라고 써 붙여 놓고 호객 행위를 한다면 먼저 의심을 하는 것이 좋다. 그렇다면 뮤지컬 티켓을 싸게 하는 가장 좋은 방법은 무엇일까? 국제학생증을 이용해 학생 할인을 받는 것이다. 웬만한 뮤지컬들은 최고 50%까지 저렴한 가격에 볼 수 있다. 인기 있는 공연은 미리 예약하지 않으면 보기 힘들기 때문에, 미리 인터넷을 통해 예약을 하거나 상황을 보는 것도 필수다. 그리고 할인 티켓을 사려면 공식 사이트(www.tkts.co.uk)에서 목록을 체크한 후 레체스터 스퀘어에 있는 부스로 찾아가야 한다. 쉽지 않은 일이지만, 뮤지컬을 보고 난 후에는 티켓을 사기 위해 쏟아야 했던 수고들이 모두 물거품처럼 사라질 것이다. 오죽하면 '표가 없다면, 차라리 훔쳐라!(If you can't get a ticket, steal it!-뮤지컬 〈캣츠〉 광고)'라고 했을까!

Location | 대한 항공을 비롯해 매일 런던으로 직접 날아가는 항공편이 많다.

Currency | 1달러 = 0.51파운드

Time difference | 서울보다 9시간 늦음.

Visa | 필요 없음.

Tip | 영국관광청 www.visitbritain.co.kr, 런던 현지 정보를 쉽게 구할 수 있는 www.londontown.com

행복한 여행 오래오래 추억하는 8가지 방법

여행지에서의 꿈 같은 시간이 흐르고 어느 새 몸은 편안한 안방. 이제는 차곡차곡 여행의 전리품들을 정리해서 추억으로 남겨야 할 시간이다. 여행을 오래오래 기억할 수 있는 보석 같은 노하우!

하나

찢고 뜯고 붙이고, 부지런히 기록한다!

추억하기 위해서는 먼저 소스가 필요하다. 소스가 되는 것은 현지 조달이 필수. 팸플릿이나 홍보물, 영수증, 감각 있는 명함 등 여행하면서 눈에 들어오는 모든 것들을 하나의 노트에 붙이고 간단한 감상을 적는다.

둘

펜과 작은 수첩은 꼭 몸에 지니고 다닌다

언제 어디에서 느낌이 떠오를지 모른다. 목에 목걸이 펜을 하나 걸고 어느 포켓에도 넣을 수 있는 포켓 사이즈의 수첩을 꼭 가지고 다닌다.

풍경이 아니라 '나만의 순간'을 찍는다

나에게 중요한 것은 풍경보다는 '그 순간'이다. 다른 이에게 아무런 의미 없는 커피 한 잔이라도 나에게는 여행에서 가장 아름다운 장면을 만들어 주는 순간일 수 있다. 그 순간을 나만의 방식으로 카메라에 담는다.

그림을 그려보는 것은 어떨까

펜과 렌즈로 감성을 표현하는 것이 부족하다면 그림을 그려 보는 것은 어떨까. 굳이 잘 그릴 필요는 없다. 내 마음과 내 느낌을 담으면 되니까.

돌아오자마자 메일을 띄운다

여행은 관계를 맺는 것. 메일을 보내는 것이 생각보다 쉽지 않지만 조금만 신경 쓰면 얼마든지 실천할 수 있다. 길에서 만난 친구들에게 간단하게 메일을 한 줄씩 써 보자. 너무 잘 쓰려고 하지 말자. 일단 다녀와서 첫 번째로 연락하는 것이 중요하다. 특히 길에서 만난 외국 친구들하고의 관계에 있어서는 더욱 그렇다.

자료는 지역이나 주제별로 파일을 만들어 관리한다

여행을 준비하면서 프린트했던 자료나 현지에서 가져온 자료들을 나라별, 또는 주제별로 파일(또는 박스)에 넣어 둔다.

블로그에 올려서 여행 이야기를 나누는 것은 기본!

여행 중에 얻었던 생각이나 정보들을 다른 이들과 나눠 보자. 시간이 흐르면 여행 전문가 못지않은 블로그를 만들 수 있을 것이다.

사진을 인화해 집안에 작은 갤러리를 만들어 보자

아무리 멋진 사진이라도 인화해서 손으로 만져 봐야 제 맛이 난다. 마음에 드는 사진은 꼭 인화하거나 프린트하자. 크기는 상관 없다. 언제든 그 순간들과 함께 할 수 있게 코르크판을 사서 사진을 붙여놓아도 좋고, 한쪽 벽면을 정해 놓고 '포토월'을 만드는 것도 추천할 만하다.

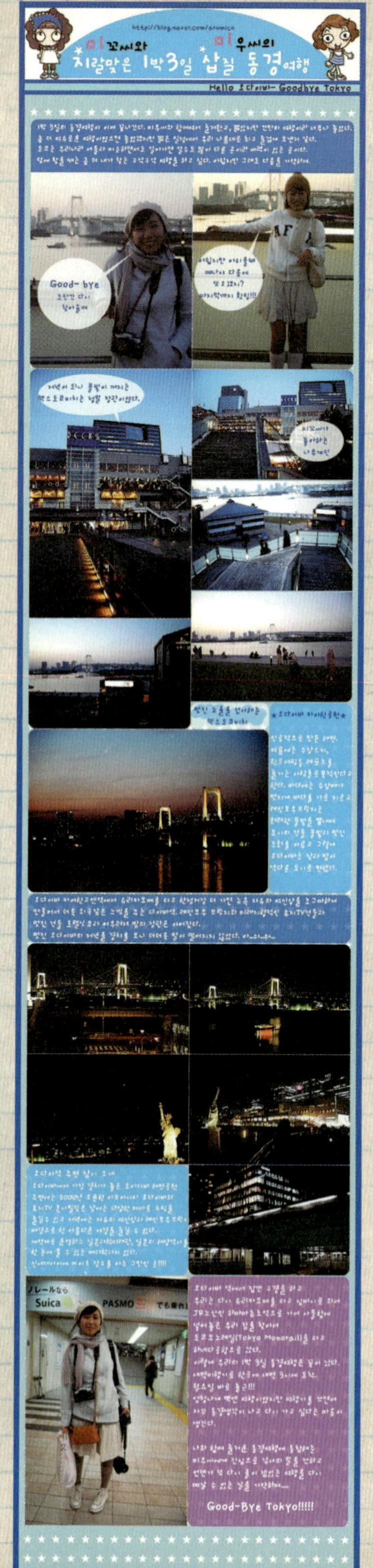

Suica
PASMO
でも
レールなら
AF
아이올때
다음에
봐지?
시 화팅!!!
Good-bye
오만에 다시
닿이들어

까칠한 그녀의 Stylish 세계여행

펴낸날   초판 1쇄   2008년   7월 15일
         초판 2쇄   2010년   3월 12일

지은이   채지형
펴낸이   심만수
펴낸곳   (주)살림출판사
출판등록 1989년 11월 1일 제9-210호

경기도 파주시 교하읍 문발리 파주출판도시 522-1
전화   031)955-1384   팩스   031)955-1355
기획·편집 031)955-4671
http://www.sallimbooks.com
book@sallimbooks.com

ISBN   978-89-522-0903-0   13980

※ 값은 뒤표지에 있습니다.
※ 잘못 만들어진 책은 구입하신 서점에서 바꾸어 드립니다.

책임편집 김미경